新版 もの知り魚貝事典

もの知り

平凡社編

平凡社

──内　容──

本事典はおもに日本で利用されて
いる水産物の事典です。収録され
ている項目は，動植物名項目約450
です。

日本は四面を海に囲まれ，海産物
が豊富です。また内水(湖・沼・
河川)にも恵まれ，そこでも多く
の産物が採れています。その海と
川の幸の利用の歴史は長く，多様
です。

項目は魚類・エビ・カニ・貝，そ
して海藻などを簡潔な説明文と正
確なイラストで展開してあります。
また，食のありようは多彩です。
それは各民族，各地方に特有なも
のです。したがってクジラやイル
カ，特定の地方に限られる磯物な
どにも言及しています。

さらに，江戸時代の漁撈の様子や
風俗が面白い木版画などの資料も
多数収録してあります。

目　次

本書は，2003年平凡社より刊行された
《魚介もの知り事典》の新版です。

項目
項目名（動植物名）は標準和名を用
い，カタカナで表記，欄外には漢
字も表示。一般項目は漢字（一部
はひらがな）表記で，読みを表示。

配列
五十音順で，濁音・半濁音は清音
の次とした。拗音・促音も音順に
数えるが，長音（ー）は数えない。

解説文
漢字まじりひらがな口語文で，お
おむね現代かな遣いを使用。

ふりがな
難訓・難読や特殊読みの漢字には
括弧（　）内に読みをひらがなで表
記した。

図版
動植物の正確なイラストと関連の
風俗図，説明図を加えた。欄外の
木版刷動植物図は《和漢三才図会》
収蔵のものである。

文献
掲載した挿図の出典，書籍等の名
称は《　》内に表示。なお《和漢三
才図会》は《和漢三才》，《日本山海
名産図会》は《山海名産》，《日本山
海名物図会》は《山海名物》とも略
記した。

―――――文　献―――――

参考文献，イラストの出典のおも
な書籍等は下記の通り。

東海道中膝栗毛　訓蒙図彙　御伽
草子　守貞謾稿　七十一番職人歌
合　世界図絵　日本その日その日
日本山海名産図会　日本山海名物
図会　和漢三才図会　人倫訓蒙図
彙　江戸名所図会　利根川図志
東都歳事記　絵本御伽品鏡　水中
魚論丘釣話

大百科事典　1931年初版
世界大百科事典　1955年初版
世界大百科事典　1964年初版

海の魚と貝《世界図絵》から

ア行

ア

藍子　　　　　　　アイゴ

アイゴ科の魚。地方名はバリ，アイなど。全長30センチ。本州中部〜インド洋に分布し，磯魚で植物性の餌を好む。腹鰭(はらびれ)の外側と内側に1本ずつ，しり鰭に7本のとげがあるのが特徴。背鰭のとげも鋭く，これらに刺されるとはなはだ痛い。磯臭いが一般に賞味される。熱帯には近似種が多い。

藍鮫　　　　　　　アイザメ

ツノザメ科の胎生のサメで，良質の皮革原料となる皮を有するものの総称。日本では，マザメ，アカブ，シラツボの3種が知られている。雄は全長1メートル前後のものが多いが，雌はもっと大きくなる。相模湾，駿河湾，紀伊半島南西部の沖合などの深海に産する。肝油中にスクアレンを多量に含み，皮革は刀のつかをおおうのに用いられ，肉は刺身にもなるなど，サメとしては貴重なものである。

鮎魚女・鮎並　　　アイナメ

アイナメ

アイナメ科の魚。地方名はアブラメ，シジュウ，ネオなど。全長40センチ。日本全土，朝鮮，華中沿岸に分布。すむ場所により体色は黄，褐色などさまざま。磯釣(いそづり)の対象魚で美味。クジメ，ウサギアイナメなど近縁のものが数種ある。アブラッコとも言う。

青海亀・緑海亀　　アオウミガメ

ウミガメ科。太平洋，インド洋，大西

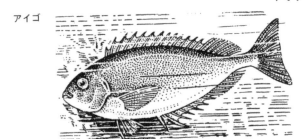

アオウ

アイゴ

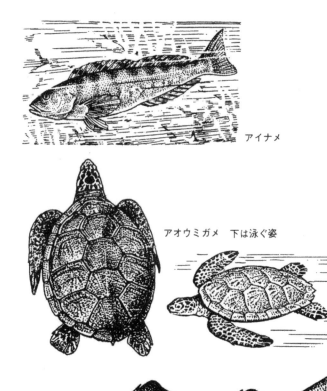

アイナメ

アオウミガメ　下は泳ぐ姿

アイザメ

11

洋に分布し，アマモなどの海藻の豊富な浅い海に生息する。正覚坊(しょうがくぼう)とも。甲長1メートルくらい，背面は青みがかった黒褐色で，腹面は淡黄色。雑食性だが，主として海藻を食べ，産卵のため回遊する。肉と卵は食用となるが，保護を要する。

青鱚 アオギス

キス科の海産魚。ヤギスともいう。日本特産で，本州中部以南に分布。体長50センチで，キス(シロギス)より大きくなるが，味が劣る。遊魚の対象としては東京湾ではシロギスより人気がある。一種の臭気があるので上等食品とは考えられていない。

石蓴 アオサ

緑藻類アオサ科アオサ属の海藻の総称。体は膜状で2層の細胞からできている。代表種にアナアオサとボタンアオサがある。ともに全国各地沿岸の潮間帯に生育する。前者は大型で多数の穴があいている。大きさ20〜30センチ。後者は小型で団塊状である。大きさ2〜5センチ。ふりかけなどにして食べる。

青鮫 アオザメ

ネズミザメ科の大型のサメ。地方名アオ，アオヤギ，イラギなど。太平洋〜インド洋の暖海に分布し，全長3メートルほど。外洋性で獰猛，肉食性で人間をも襲う。はんぺん等練製品の原料として重要。近似種にバケアオがあるが，肉質が劣る。

青鯛 アオダイ

フエダイ科の海産魚。東京市場でアオ

アオダ

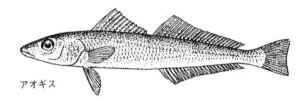

アオギス

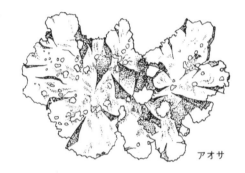

アオサ

アオザメ

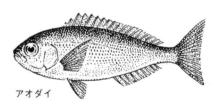

アオダイ

13

ダイ，八丈島でアオゼ，高知で近縁の
ウメイロと混称してウメイロという。
全体が淡紫青色で，体長35センチ。伊
豆七島から高知県沖に分布。白身で，
刺身，煮付，塩焼，椀種にする。

青海苔　　アオノリ

アオノリ

代表的なものはヒトエグサ科のヒトエグサ，
アオサ科アオサ属のアナアオサ。各地の沿岸，
内湾，河口など至る所に生育する。淡水産
の種類もある。いずれも体は管状で1層の
細胞からできている。多くの種類があり，長
さは数センチ程度のものが多いが，時に1メー
トル以上になるものもある。食用にする。

障泥烏賊　　アオリイカ

ヤリイカ科。体長最大45センチになる。
鰭がコウイカ類のように外套膜の全周
にわたっているが，石灰質の甲はない。
太平洋に広く分布し，春から夏の産卵
期には特に岸近くに集まる。生で食用
にするほか，九州ではするめに製する。
ミズイカ，モイカなどは地方名。

赤海亀　　アカウミガメ

ウミガメ科。甲長1メートルくらい，
背面は赤褐色で，腹面は淡黄色。太平
洋，インド洋，大西洋に分布。雑食性
で，肉はあまり食べないが，卵は利用。
6，7月ごろ産卵のため日本各地の海
岸に上陸するのは本種で，砂中に60～
150ほどの円形卵を産む。このとき塩
分を多く含む液を目より排出すること
があり，これが涙に見える。

赤鱝・赤鱏　　アカエイ

アカエイ科の魚。地方名アカエなど。
全長1メートルで，日本の沿岸，特に

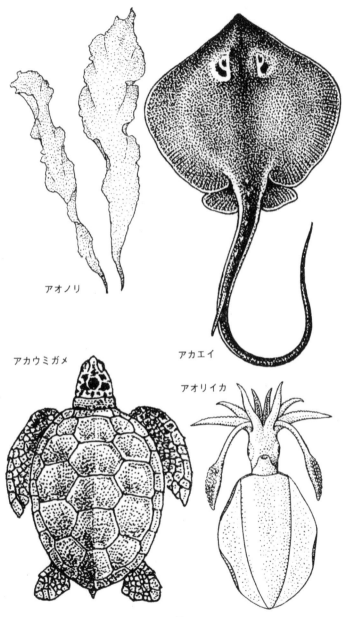

アカエ

アオノリ

アカエイ

アカウミガメ

アオリイカ

15

アカガ

アカガイ

南日本〜中国広東省沿岸に多い。尾部に大きいとげが1個またはそれ以上あって，刺されるとはなはだ痛い。夏に1産10匹くらいの子を産む。夏は美味で冬は不味。

赤貝　　**アカガイ**

フネガイ科の二枚貝。高さ9センチ，長さ12センチ，幅7.5センチ，殻表の肋（ろく）は42内外，内面は白色，かみ合せに多くの歯がある。北海道南部から九州，朝鮮半島の内湾の深さ3〜50メートルの泥底にすみ，けた網で採取する。産卵期は夏。アカガイの名のとおり，肉は赤いが，これは血液中にヘモグロビンを含むため。味がよく，すし材料にする。

赤蛙　　**アカガエル**

アカガエル科に属するカエルのうち赤

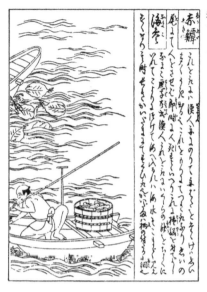

赤鱝（あかえい）　左上はア
カエイとり　右下は海参
（ナマコ）とり《山海名物》
から

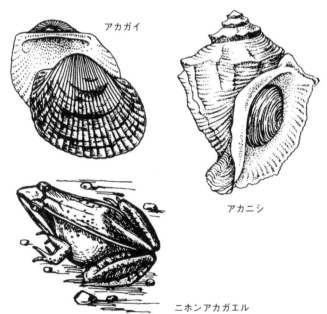

アカガイ

アカニシ

ニホンアカガエル

アカニ

ニシ

みがかった体色をもつものの総称。ニ
ホンアカガエルは体長4〜7センチで，
本州，四国，九州および中国大陸に分
布。水辺に生活し，昆虫，ミミズなど
を捕食する。産卵期は12〜3月で1000
個ほどの卵を産む。味醂醬油で付焼に
して食べた。本種に近いタゴガエルは
山地の渓流にすみ，伏流水の石に産卵
する。他に日本産のものとしてはエゾ
アカガエル，ヤマアカガエルなど。

赤螺　　　　アカニシ

アクキガイ科の巻貝。高さ15センチ，
幅12センチ，殻口が広く赤いのでこの
名がある。北海道南部から九州，朝鮮，
中国北部の内湾の浅い砂泥底にすみ，
二枚貝類に穴をあけて食うので養殖の
害貝。夏産卵し，卵嚢(のう)はナギナ
タホオズキという。肉は食用，殻は貝

山蛤（あかがえる）　投網な
どでアカガエルをとる様子
《日本山海名産図会》から

細工にする。

アカハタ　　　　　　　　　　　　　　赤羽太

ハタ科の海産魚。東京や三崎でアカハ
タと呼ぶが，地方ではアカバ，アカン
ボ，アカッペ，アカアコ，アカウオと
いう。体は朱紅色で，4〜5条の濃赤
色の横帯があり，背鰭のとげ部の外縁
が濃褐色をしている。ハタ類中では小
型で，体長30センチくらい。インド・
太平両洋熱帯部から日本中部に分布し，
八丈島などで磯釣の対象魚となり，煮
付などにする。

アカマンボウ　　　　　　　　　　　　赤翻車魚

アカマンボウ科の海産魚。マンボウ，
マンダイ，ヒャクマンダイ，マンデン，
モンダイともいう。太平洋と大西洋の
暖かい所に広く分布。体形は縦に平た
くマンボウに似る。全長1.8メートル。

19

体色は濃紅色で，淡青または白色の円紋が多数ある。鰭も赤い。肉は淡赤色で刺身，切身にして食べる。

赤鯥　　　　アカムツ

スズキ科もしくはホタルジャコ科の海産魚。東京でアカムツ，北海道，北陸地方，山陰地方でノドグロ（他の地方でノドグロというのは全く別の魚），高知でアカウオ，キンメという。体は朱紅色で，口内はまっ黒。形はムツに非常によく似ているが，しり鰭の軟条数が少なく7個（ムツは13個）。全長45センチ。朝鮮南部，日本の中・南部の沖合のやや深い所に分布，山陰地方の沖合に特に多い。煮付などにして美味。

秋醤蝦　　　アキアミ

サクラエビ科に属する小型のエビ。アミの類ではない。体形はサクラエビに似て，第2触角は非常に長く中途で折れ曲がり細かい毛を密に対生する。体長40ミリくらい。富山湾，瀬戸内海，有明海，朝鮮半島西岸などの浅海に産する。煮干し，素干し，塩漬などにして食用にする。

総角・揚巻　アゲマキ

ユキノアシタガイ科の二枚貝。高さ3センチ，長さ10センチ，幅2.3センチ，殻表は淡黄白色。殻の前後両端は少し開いている。中国，朝鮮半島，日本では有明海，瀬戸内海の一部の内湾に分布。潮間帯の泥底に30〜60センチの深い穴を掘ってすむ。2本の水管は離れている。産卵期は10〜2月。肉はむき身，干物にする。

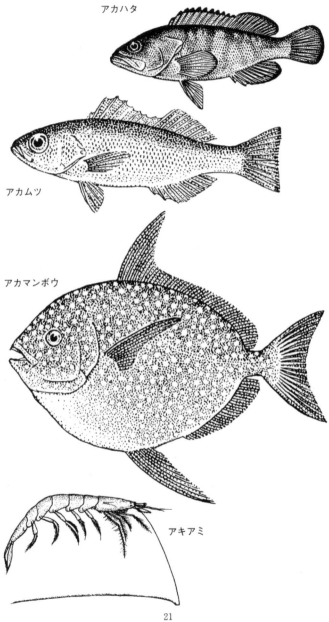

アゲマ

アカハタ

アカムツ

アカマンボウ

アキアミ

21

赤魚鯛　　　　　　　アコウダイ

フサカサゴ科あるいはメバル科の魚。
単にアコウ，またメヌケ，メヌキなど
とも呼ぶ。鮮紅色，全長50センチ。本
州中部の太平洋岸のやや深い所にすむ。
惣菜（そうざい）用。近年北洋で多量にと
れるアカウオ（アラスカメヌケ）も近縁。

阿古屋貝　　　　　　アコヤガイ

ウグイスガイ科の二枚貝。高さ7.5セ
ンチ，長さ7センチ，幅3センチ。表
面はよごれた灰褐色，内面は強い真珠
光沢があり，左殻は右殻よりよくふく
らむ。房総半島，佐渡以南の水温10℃
以上で水のきれいな内湾に分布。水深
10メートル以内の岩礁に足糸で付着す
る。真珠養殖の母貝にする。産卵期は
5～9月。真珠採取後は貝柱を食用。

浅草海苔　左の小屋では板
海苔を売っている　右は海
苔干し作業など
《江戸名所図会》から

アコヤ

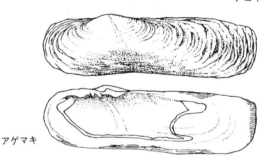

アゲマキ

アコウダイ

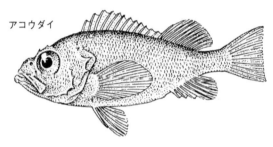

アサクサノリ

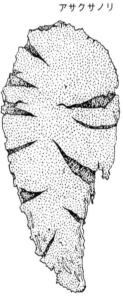

23

浅草海苔 アサクサノリ

紅藻類ウシケノリ科の海藻。本州太平
洋沿岸，瀬戸内海，九州，朝鮮，中国
に分布。養分に富む内湾や河口付近で
特によく生育し，体も大きくなる。冬
に各地で養殖される。体は紫紅色，さ
さの葉形で，長さ15〜30センチ，膜状
で1層の細胞からなる。夏は微小な糸
状体となって貝殻に穴を掘り生育する。
食用。市販の浅草海苔には本種のほか
幾つかの近縁種が用いられている。

旭蟹 アサヒガニ

甲殻類アサヒガニ科。全身赤だいだい
色の美しい大型のカニで，甲長15セン
チ。食用にもなる。甲の形は前方に広
く幅よりも長さが大で，甲面は長くと
がった平たいとげでおおわれる。歩脚
は平たく指節は三角板状で，砂にもぐ
るのに適している。後方にはう。相模
湾以南，インド洋，太平洋に分布。

浅蜊 アサリ

アサリ

マルスダレガイ科の二枚貝。高さ3セ
ンチ，長さ4センチ，幅2.8センチ。

殻表の模様は個体によって著しく異な
り，表面に細かい放射状のすじをもつ。
全国の内海の潮間帯から水深10メート
ルぐらいまでの砂礫(されき)底に普通。
殻は煮ると褐色になる。肉は食用とし，
むき身，佃(つくだ)煮，干物などに利用。
産卵期は春〜秋。

鰺 アジ

アジ科の魚。一般にマアジをいう。全
長30センチ，背面は青または黄緑を帯
び，腹面は銀白色。側線全部にぜんご

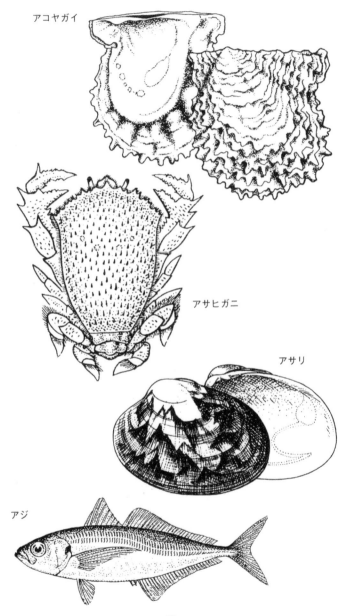

アジ

アコヤガイ

アサヒガニ

アサリ

アジ

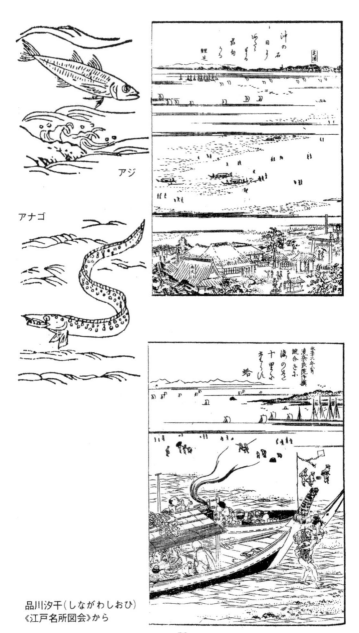

アジ

アナゴ

沖の石
日より
よしの
最も
鯉芝

海のそこ
十里よ
そらに
蛤

品川汐干（しながわしおひ）
《江戸名所図会》から

深川洲崎汐干
汐干狩は庶民の春から夏に
かけての行楽の一つだった
《東都歳事記》から

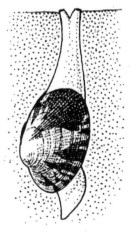

砂中から水管を出したアサリ

(特別に大きいとげっぽい鱗)がある。日本全土，朝鮮，中国広東省に分布。15センチぐらいになるまで沖合表層で生活し，それ以後沿岸へ近づく。盛んに漁獲され，味もよい。そのほかアジ類には重要な食用魚が多く，ムロアジ，シマアジ，カイワリなどが著名。

穴子　　　　　　　アナゴ

アナゴ科の魚。普通マアナゴをさし，東北，北陸ではハモという。ウナギに似て，全長90センチ。ほとんど日本全土に分布。てんぷら，すし種に美味。ゴテンアナゴ，ギンアナゴ，クロアナゴなど，かなり産額の多い類似種がある。いずれも幼形はレプトケファルス。

穴蝦蛄　　　　　　アナジャコ

甲殻類アナジャコ科。体はエビ形だが頭胸部の甲は小さく三角状で前方がとがり，腹部はよく発達している。第1胸脚は完全なはさみになっておらず，左右相称。腹肢は雄が4対，雌が5対。体色は白く，体長9.5センチ。北海道～九州各地の潮間帯～浅海に分布し，海底の砂泥に穴を作り生息。食用，また釣餌にする。

油鰈　　　　　　　アブラガレイ

カレイ科の魚類。東北地方から，サハリン，千島列島へかけて分布。体色は紫がかった青黒色で，斑紋はない。体長30センチをこえる。目は体の右側にあり，ヒラメのように口裂が大きい。歯は強大である。側線が直走しており，湾曲部がない。肉量はやや少なく，美味ではないので，ネコマタギ，エンギ

アブラ

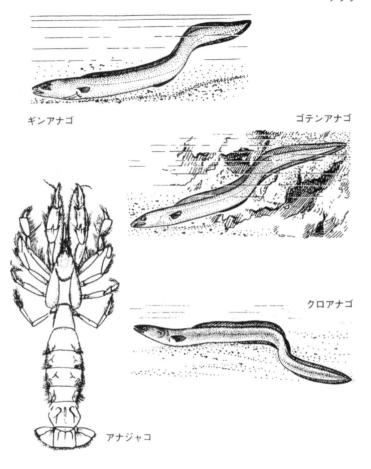

ギンアナゴ　　　　　　　　　　　　　ゴテンアナゴ

クロアナゴ

アナジャコ

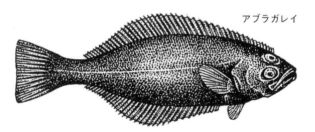

アブラガレイ

リの名がある。ちくわの材料になる。また油をとり，肝臓はビタミン油原料となる。

油角鮫　アブラツノザメ

ツノザメ科の魚。別名アブラザメ。全長1.5メートル。各背鰭の最前部に強大なとげが1本ずつあり，しり鰭はない。太平洋北部，朝鮮に分布。水深70〜150メートルの所に多い。練製品の材料として重要。皮をはぎ，むきザメ（一名棒ザメ）として売られることが多い。卵は食用にする。

甘鯛　アマダイ

アマダイ

キツネアマダイ科の魚。日本には3種おり，いずれも砂泥地にすむ底魚。最も多いのがアカアマダイで，普通にアマダイといえばこれをさす。赤みが強く，全長40センチ。南日本に分布。肉はやや水っぽいが，味噌漬，粕（かす）漬などにすると美味。シロアマダイはやや白っぽく非常に美味。キアマダイは産額が最も少ない。地方名は混称してクズナ，グジ，グシ，クジなどという。

甘藻　アマモ

アマモ科の海産の多年草。根茎は海底の砂中をはい，葉はリボン状で長さ1メートルに達する。花序は葉鞘に包まれ目立たない。世界の温〜寒帯の海岸に広く分布し，貝や稚魚が育つ藻場を形成する。根茎や若芽には甘味があり，食べられる。全草に海水を注いで塩を取ったので，モシオグサ（藻塩草），アジモの名がある。リュウグウノオトヒメノモトユイノキリハズシともいう。

アマモ

アブラツノザメ

アカアマダイ

イサザアミ

アマモ

アメフラシ

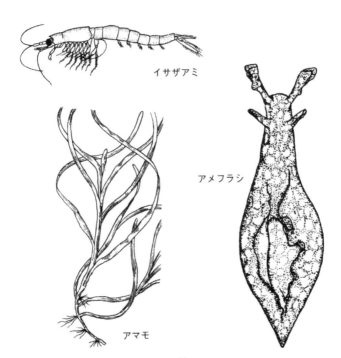

31

アミ

醤蝦　　　　　　アミ

甲殻類アミ目の総称。種類が多く，汽水域〜深海に広く分布。淡水にもすむ。体長10ミリ内外。エビに似るが，甲は胸節の前方の3節をおおっているだけ。有柄眼を有し，胸脚は遊泳に役だつ大きい外肢が発達。イサザアミなどは佃(つくだ)煮にされ，ほかに釣の撒餌(まきえ)，魚の天然飼料として利用。

雨虎　　　　　　アメフラシ

軟体動物アメフラシ科。体長10〜15センチ，大きいものは40センチに及ぶ。黒褐色地に灰白色の斑紋をもち，体はやわらかくナメクジ状で，体の中央背面に外套(がいとう)膜で包まれた葉状の薄い殻がある。紫色汁を外套右側縁の腺から出す。冬から春に北海道南部以南の海岸に多く現われ，アオサなどの海藻を食べ，3〜7月，ひも状の黄色い卵塊を産む。これをウミゾウメンといい食用にすることがある。

一蝲蛄　　　　　**アメリカザリガニ**

エビガニとも。甲殻類アメリカザリガニ科に属するエビ。体長10センチ。大正末期米国から神奈川県大船にショクヨウ(食用)ガエルの餌(えさ)として移入されたのが初めで，本州，四国，九州各地の水田や小川に広がった。日本にも固有種のザリガニがいるが，現在はザリガニといえばアメリカザリガニをさすことが多い。動物移住のよい例である。体は黒地に赤色で美しい。農作物や淡水動物には害を与えるが動物実験に役だつ。また，食用にもする。

アミ

アユ

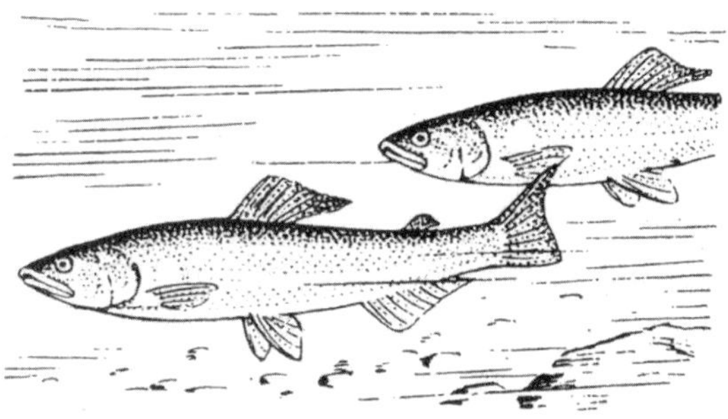

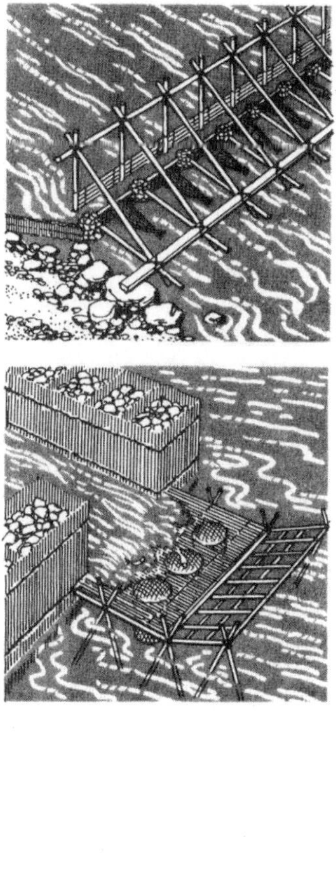

簗(やな)
川に竹や網，縄などを張り，
中央部に簀棚(すだな)を斜
めに設けてアユなどを捕獲
上は筌簗　下は壺簗

アメリカザリガニ

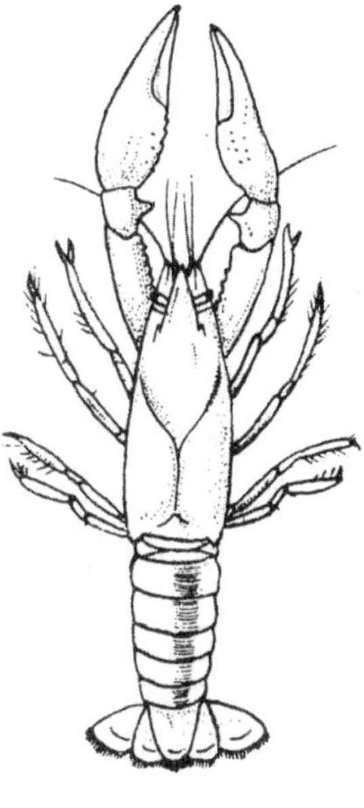

八月枯鮎（さびあゆ）
アユを簗（やな）でとってい
る図　枯鮎は産卵のために
海に下る落鮎のこと
《日本山海名物図会》から

34

多摩川（玉川）のアユ漁
《江戸名所図会》から

アユ
鮎

アユ

ウミウ

アユ

キュウリウオ科の魚。香気があって味がよいので香魚ともいう。地方名アイ。細長く，全長30センチ。小さい円鱗におおわれ，脂鰭(あぶらびれ)をもつ。背面は暗緑褐色，腹面は白色。北海道南部〜台湾，中国大陸，朝鮮に分布。河川の上・中流の瀬や淵(ふち)にすみ，各縄張り内の付着藻類を食べる。9〜12月に中・下流の川底に産卵。産卵後の親は死ぬ。孵化(ふか)した稚魚は海に下り，プランクトンを食べて越冬する。翌春3〜5月に川に上る。琵琶湖や鹿児島県池田湖などにいる陸封型の小型(12センチ)のものをコアユというが，栄養不足のためで，河川に移すと普通のアユ同様に成長する。人工孵化，放流も各地で盛ん。放流には琵琶湖産コアユや海産の稚アユを用いる。代表的な川釣の対象魚で，友釣，どぶ釣，ころがし，鵜飼(うかい)，やななどでとる。開襟は多く6月1日から。近年は池などで養殖も行なわれる。

36

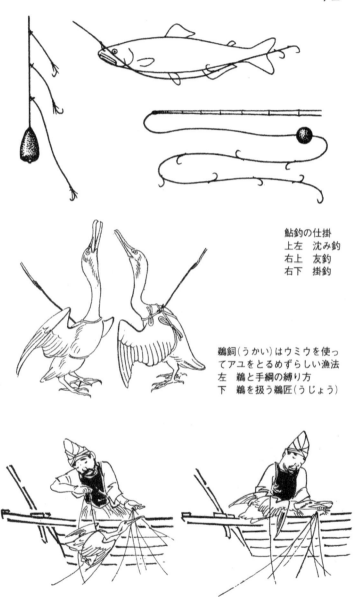

鮎釣の仕掛
上左　沈み釣
右上　友釣
右下　掛釣

鵜飼（うかい）はウミウを使っ
てアユをとるめずらしい漁法
左　鵜と手綱の縛り方
下　鵜を扱う鵜匠（うじょう）

アラ

樋築

鵜遣（うつかい）
《人倫訓蒙図彙》から

鵜

アラ

ハタ科の魚。地方名ホタ，イカケ，タ
ラ，オキスズキなど。スズキに似てい
るが口がややとがり，前鰓蓋（さいがい）
骨に後方に向かう1本の鋭いとげがあ
る。背面は灰青色，腹面は白色。全長
1メートル。日本～フィリピンに分布
し，やや沖合の岩礁部にすむ。冬美味。

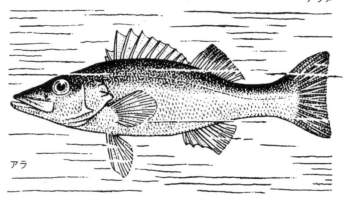

アラメ

アラ

アラメ

アラ

アラメ

褐藻類レッソニア科の多年生海藻。本
州～九州に分布。低潮線付近から深さ
約10メートルの海底に群生，海中林を
形成し，魚介類のよい生息場所となる。
1年めの体形はささの葉形，2年め以
降は基部付近でふたまたに分かれる。高
さ1～2メートル。古くは食用にした。

荒布

アラメ

制をも 鮑と 長り

アワビ

表

裏

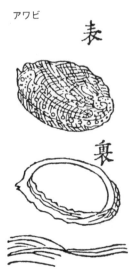

長鮑制（のしをせいす）　アワビから熨斗（のし）をつくる
《日本山海名産図会》から

伊勢鰒（いせあわび）　アワビをとる海人　右下は水中
《日本山海名産図会》から

41

鮑・鰒

アンコウ

鮟鱇

アワビ

ミミガイ科の巻貝。日本にはマダカアワビ，メカイアワビ，クロアワビ，エゾアワビの4種がある。ほぼ楕円形，殻表は褐色，内面は真珠光沢が強い。殻の背面に呼吸孔が並ぶ。マダカアワビ，クロアワビは長さ20センチに達し，他はこれよりやや小さい。北海道南部〜九州，朝鮮，中国北部の潮間帯から水深20メートルまでの岩礁にすむ。産卵期は秋〜冬。保護増殖が行なわれ，人工受精も可能。肉は食用。殻は貝細工やボタンの材料に利用。また真珠養殖の母貝にも使用。

アンコウ

アンコウ科の魚。一般にホンアンコウ（別名キアンコウ）とクツアンコウをいう。両種とも全長1メートル余りになり，上下に扁平で頭部が大きい。灰褐色。日本各地の沿岸に分布する。ホンアンコウのほうが美味。海底に静止していることが多く，背鰭(せびれ)の変化

江戸時代の調理場風景　右図はアンコウのつるし切り《絵入貞徳狂歌集》から

42

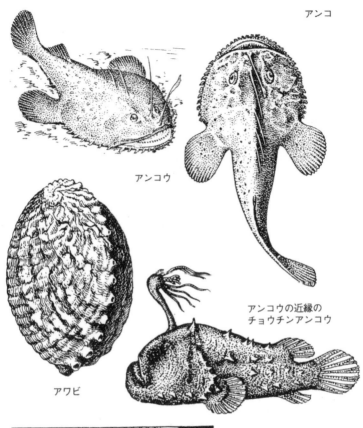

アンコ

アンコウ

アンコウの近縁の
チョウチンアンコウ

アワビ

した長いとげで小魚を誘いよせて食べる。調理は，肉が柔らかいので口の骨に鉤（かぎ）をかけ「つるし切り」という特殊な方法を用いる。近縁のチョウチンアンコウは深海魚で，雄は雌に寄生している。食用にしない。

飯蛸

イイダコ

マダコ科。腕を含めない体長5センチほどの小型のタコ。体表が鮫肌（さめはだ）状で，体側に金色の環状紋があるのが特徴。本州，四国，九州に分布し，おもに内湾の浅い砂地にすむ。春先の産卵期に体の中に米粒に似た卵がつまっているので飯（いい）ダコの名がある。タコ壺で漁獲され，食用となる。

高砂望潮魚（たかさごいいだこ）　高砂は播磨灘に面しイイダコ（飯蛸）を産した《日本山海名産図会》から

イイダコ

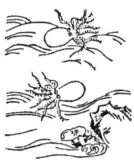

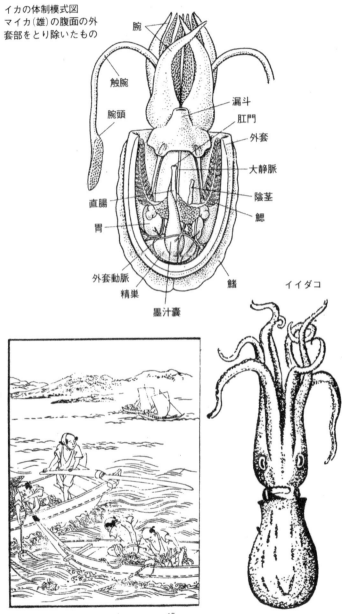

イカの体制模式図
マイカ(雄)の腹面の外
套部をとり除いたもの

腕
触腕
腕頭
漏斗
肛門
外套
大静脈
陰茎
鰓
直腸
胃
外套動脈
精巣
墨汁嚢
鰭

イイダコ

45

イカ
烏賊

イカ

胎貝

コウイカとスルメイカ（右）

イカ

軟体動物頭足綱のうち，現生ではコウイカ目，ツツイカ目（あわせて十腕形類）を総称。コウイカ，シリヤケイカなどの含まれるコウイカ類，ヤリイカ，ミミイカなどの閉眼類，ホタルイカ，スルメイカなどの開眼類に分けられる。普通8本の腕のほか，2本の伸縮自在の触腕があり，体の後方に鰭（ひれ）がある。そのほか吸盤には柄と角質の環がある点でタコ類と異なる。すべて海生で，沿岸の浅所から数千メートルの深海にまで分布。漏斗から水を噴射させて移動し，敵に襲われると墨を吐く。体長数センチ（ヒメイカ）から数メートルに及ぶもの（ダイオウイカ）まである。日本近海には90種ほど生息するが，産業上重要なのはスルメイカなど数種類。

イガイ

セトガイ，カラスガイ，シュウリガイとも。イガイ科の二枚貝。高さ6センチ，長さ13センチ，幅4.5センチ，殻表は黒色。黄褐色帯を成長脈に沿って示すこともある。北海道南部〜九州，朝鮮，中国北部の水深20メートルまでの岩礁に足糸で付着。特に瀬戸内海や

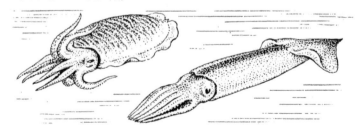

北日本に多い。食用。ムラサキイガイ
はイガイに似るがやや小さく，青黒色。
欧州原産で，日本では1935年神戸港で
初めて発見された。内湾の潮間帯付近
の岩礁，カキや真珠養殖の筏(いかだ)に
付着する。欧州では食用にするが，日
本ではあまり食べない。産卵期は冬～
春。

イカナゴ　　　　　　　　玉筋魚

イカナゴ科の魚。地方名コウナゴ，カ
マスゴなど。全長25センチ。体は細長
く，腹鰭(はらびれ)がない。日本各地沿
岸に分布。5センチ以下の幼魚は，4
月ころ淡路島沿岸などで多量にとれ，
煮干や佃(つくだ)煮にされる。成魚は北
日本に多く，てんぷらなどに向く。

イギス　　　　　　　　　海髪

イギス科の紅藻。日本，朝鮮，千島列
島，サハリンの沿岸に分布。外洋の干
潮線下の海中に生ずる。体は紅紫色で
高さ10～30センチ，糸状で直立し，樹
枝状に多く分岐し，先の枝は又状(さじ
ょう)をなす。食用(いぎすこんにゃく
をつくる)，糊料となる。同類にケイ
ギス，トゲイギス，エゴノリ(博多の
名物おきゅうとの原料)などがある。

イカナゴ

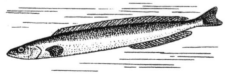

イガイ

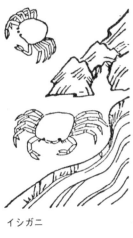

イサキ

イシガニ

伊佐木

イサキ

イサキ

イサキ科の魚。地方名イサギ，イセギ，イッサキ，ウズなど。全長35センチ。本州中部〜中国広東省に分布。昼間は沿岸の海藻の多い海底におり，夜間はより岸に近づき遊泳する。卵は分離浮遊性。稚魚は濃密な群をなす。晩春〜夏にはなはだ美味。刺身，塩焼によい。釣の対象魚。

石垣鯛

イシガキダイ

イシダイ科の魚。地方名ササラダイ，またイシダイと混称してヒサ，チシャなどとも。全長45センチ。褐色地に黒褐色の斑紋が密集する。日本〜中国広東省に分布。習性がイシダイに似て，磯釣の対象魚。美味。

石蟹

イシガニ

甲殻類ワタリガニ科。甲は暗緑色だが，

イシガ

イギス

梭魚兒（かますこ）　カマス
コはイカナゴのことで魚油
の原料や肥料に用いた《日
本山海名物図会》から

イサキ

イシガキダイ（左）と
イシダイ

はさみは紫赤色，腹面は白色。甲の前側縁と前縁に6個の鋸歯（きょし）があり，甲長45ミリ，甲幅63ミリくらい。食用にもなるが漁業価値はない。東京湾～台湾，中国，朝鮮の沿岸にすむ。

石亀・水亀

イシガメ

イシガメ

イシガメ科。淡水性のニホンイシガメを指す。甲長18センチ，背面は黒褐色で，腹面は黒色。甲は箱状で，驚くと頭頸部，四肢，尾部を甲内に引き入れ体を保護する。日本固有種で，本州，四国，九州に分布。川，池沼にすみ，魚介類を捕食する。泥中で冬眠。スッポンの代用にする。ゼニガメは本種の子。

石鰈

イシガレイ

カレイ科の魚。地方名イシモチガレイ，イシモチガレなど。全長40センチ。石のような骨板が有眼側に発達する。サハリン，千島列島，日本，朝鮮，華北に分布。沿岸性。2～3月に産卵。ややにおいがあるが，夏は洗いにして美味。煮付，塩焼にもよい。

石鯛

イシダイ

イシダイ科の魚。地方名シマダイ，チシャ，ヒサなど。全長40センチ余。上下の歯は顎骨（がっこつ）と合着し，強固なくちばし状になっていて，ウニや貝類などの堅い動物を好んで食べる。稚魚時代は流れ藻について海面近くで生活する。日本～朝鮮の沿岸に分布。夏は美味で，特に大型のものは，洗い，刺身，塩焼によい。磯釣の対象魚。

石投

イシナギ

スズキ科の魚。地方名オオイオ，オオ

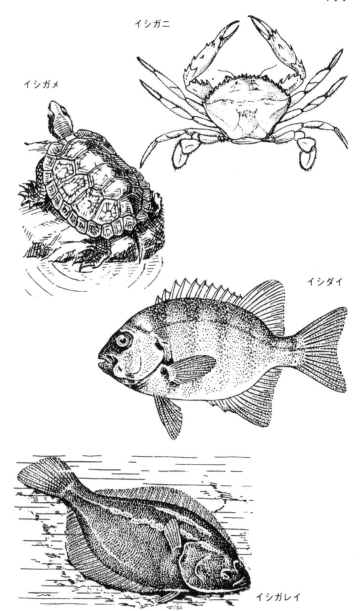

イシナ

イシガニ

イシガメ

イシダイ

イシガレイ

51

ヨなど。全長 2 メートル余り。北海道
〜南日本の深海（400〜500メートル）岩
礁部にすみ，5 〜 6 月の産卵期にはや
や浅い所に来遊する。1 匹の産卵数は
最大2400万粒。夏に美味。刺身，煮付，
塩焼にする。

石首魚・石持　　　　**イシモチ**

ニベ科の魚。別名シログチ。地方名グ
チ，シラグチなど。全長40センチ余り，
耳石が大きいためこの名がある。北日
本からインド洋まで広く分布し，近海
の砂泥底にすむ。5 〜 6 月に産卵。煮
魚，塩焼によく，大量にとれるのでか
まぼこの原料になる。ニベ科の魚の通
性として鰾（うきぶくろ）を振動させてグ
ーグーと音を発する。釣人はニベと混
称していることが多い。

伊勢蝦・伊勢海老　　　**イセエビ**

甲殻類イセエビ科。クルマエビと並ん

イセエビ

海鰕網（えびあみ）　浜で網
を引きエビをとる漁師《日
本山海名産図会》から

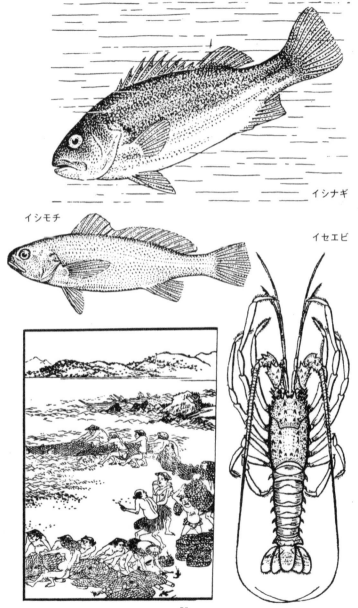

イセエ

イシナギ

イシモチ

イセエビ

53

で水産上の最重要種。食用，また正月の飾り物などにも使われる。甲はかたく，濃赤褐色。頭胸部に多くのとげと毛があり，第2触角が長い。大型のものは36センチくらい。宮城県北部から九州，韓国，台湾に分布する。

磯鮎魚女・磯鮎並　　イソアイナメ

チゴダラ科の海産魚。ヒゲダラとも呼ぶ。関東以西の太平洋側に分布。やや深海に生息する。体長40センチ。体色は赤みがかった褐色。下顎(かがく)にひげがある。干物などにする。

磯粟餅　　イソアワモチ

イソアワモチ科。ウミウシ類に似た腹足類の軟体動物。体長は4センチ程度で柔らかく，黄土色で背面に大小多数のいぼがある。和名はその形を粟餅(あわもち)に見立てたもの。春から夏にかけて，潮の引いた磯にいる。体の後方に樹枝状の鰓がある。夏に岩の上に出て卵を産み，水中で冬を越す。海藻を食べ，成長にともなって脱皮する。日本の暖かい地方に多く，美味ではないが食用になる。

磯巾着　　イソギンチャク

腔腸動物花虫綱イソギンチャク類の総称。直径0.5〜70センチまで多くの種類がある。一部のものは九州などで食用にする。体は円筒形，口の周囲にある多くの触手で餌を取り込み，同じ口から排出。すべて海産で，岩についたり砂中に埋まっている。ウメボシイソギンチャク，タテジマイソギンチャク，モエギイソギンチャクなどが普通。魚や甲殻類と共生することもある。

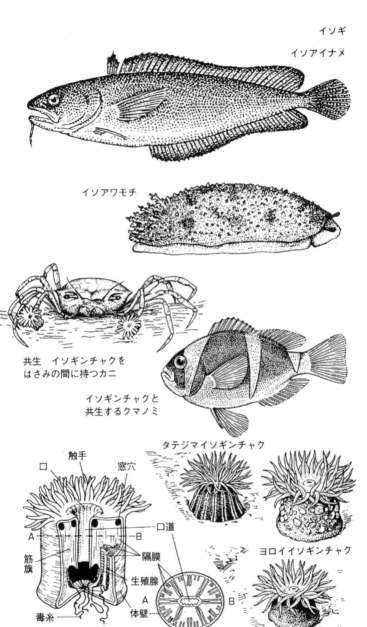

イソギ
イソアイナメ

イソアワモチ

共生　イソギンチャクを
はさみの間に持つカニ

イソギンチャクと
共生するクマノミ

タテジマイソギンチャク

ヨロイイソギンチャク

口　触手　窓穴

A　B

口道

隔膜

筋旗

生殖腺

毒糸

体壁

A　B

イソギンチャクの内部構造

ウメボシイソギンチャク

板甫牡蠣　　　　イタボガキ

イタボガキ科の二枚貝。浅い内湾の海底にすむ卵胎生のカキ。内面は白く少しつやがある。日本に広く分布し，10〜30メートルくらいの深さに生息。泥の多い海底の石などに付着，また適当な付着物がないときは塊となる。殻は円板状で，表面は細かい鱗を重ねたようで，縁のひだは細かくて数が多い。右の殻は平たく，左の殻はやや深い。養殖が困難である。大きいものは直径15センチくらいになり，肉は美味。殻は貝灰製造に用いられる。

板屋貝　　　　　イタヤガイ

イタヤガイ科の二枚貝。俗にホタテガイともいい，真のホタテガイと誤られることが多いが別種。長さ12センチ，高さ10センチ，幅3.5センチ。右殻はよくふくらみ，通常白色，左殻は平らで通常褐色。放射肋（ろく）は8〜10本。外套（がいとう）膜縁に眼が並ぶ。貝柱（後閉殻筋）は大きく中央にある。北海道南部〜九州，朝鮮，中国沿岸の水深10〜30メートルの細砂底にすむ。殻を開閉してはねるように移動する。雌雄同体，産卵期は2〜3月。貝柱は美味で，干物にもする。殻は貝細工に利用。

伊富　　　　　　イトウ

サケ科の魚。北海道，サハリンに分布。イト，イトウ，イドなどとも呼ばれる。アイヌ語でオヘライベという。産卵のため川を遡（さかのぼ）るが，産卵後また湖に下る。また，一部は春に海に下るといわれる。朝鮮の鴨緑江，中国の黒

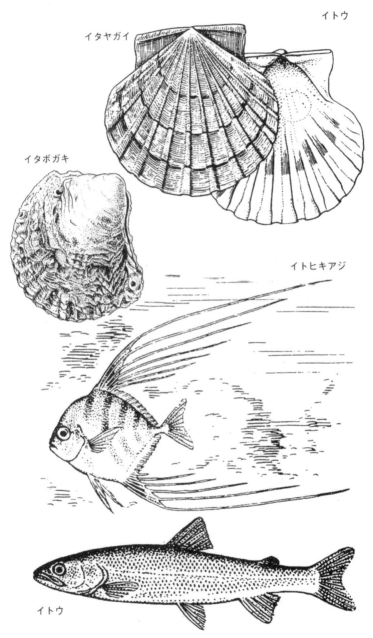

イタヤガイ

イトウ

イタボガキ

イトヒキアジ

イトウ

竜江，揚子江，ヨーロッパのドナウ川
などに近似種がいる。全長1メートル
を越え，幻の魚と呼ばれ釣人が好む。
北海道のアイヌ人はこれを求めて谷か
ら谷へとわたり歩いたという。

糸引鯵　　　**イトヒキアジ**

アジ科の魚。地方名カンザシダイ，カ
ガミウオなど。体長20センチ余。背鰭
としり鰭の前部が糸状に長く伸びるの
が特徴。本州中部以南の太平洋とイン
ド洋に分布。食用，また観賞用として
水族館などで飼われる。

糸縒　　　**イトヨリ**

別名イトヨリダイ。イトヨリダイ科の
魚。地方名ボチョなど。全長40センチ
余。黄赤色，体側に黄色の縦帯が6条。
千葉県〜南シナ海に分布。深さ40〜
100メートルの泥質の海底にすむ。5
〜6月に産卵。冬季特に美味。イトヨ
リダイ科はほかにキイトヨリ，ニジイ
トヨリ等数種。

イトヨリ

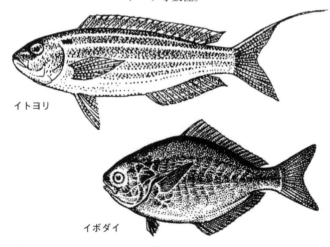
イトヨリ

イボダイ

イバラガニ

甲殻類タラバガニ科。カニ型だがヤド
カリ類に属する。タラバガニに似るが
歩脚はより細くて長く，伸ばすと１メ
ートルくらい。額の先端に叉状(さじょ
う)の突起をもち，色はピンク。甲長・
甲幅ともに15センチくらい。相模湾〜
土佐湾の300〜600メートルの海底にす
む。食用だが水産上の価値は低い。北
洋漁業で呼ぶイバラガニは別種。

イボダイ 疣鯛

イボダイ科の魚。地方名エボダイ，シ
ズ，ウボゼなど。淡灰青色，鱗は円鱗
ではがれやすい。体表から多量の粘液
を出す。全長20センチ余。松島湾，男
鹿半島〜中国広東省に分布し，近海の
やや深みにすむ。美味で煮付，バター
焼によい。

イモガイ 芋貝

イモガイ科の巻貝の総称。殻は多くは

イモガイ

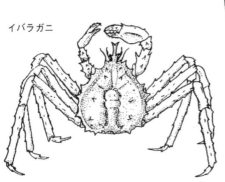

イバラガニ

倒円錐形，殻口は狭く長い。熱帯地方の海に種類が多く，日本産約100種。歯舌に毒腺があり，ふつうゴカイ，魚類などを捕食。アンボイナガイ，タガヤサンミナシガイは毒性が強く，刺されると人も数時間で死亡する。装飾用や観賞用にする。肉は食用。

海豚

イルカ

イルカ

クジラ目ハクジラ類のうち小型な種類の総称。一般に体長5メートル以上のものをクジラ，以下をイルカというが厳密な区別ではない。ふつう海に群生し，魚を食べる。知能が高く，イルカ同士で音波により意思伝達を行なう。日本はイルカの最大の消費国である。くちばしのあるマイルカ，ハンドウイルカ，カマイルカなどと，くちばしのないスナメリ，シャチ，リクゼンイル

ハンドウイルカ

イルカを供にしたトリトン
古代ギリシアの壺絵から

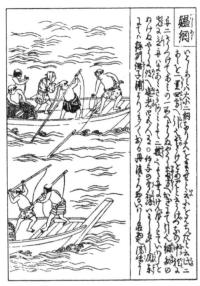

鱐網（いわしあみ）　江戸時
代のイワシ漁の様子　《日
本山海名物図会》から

イワシ

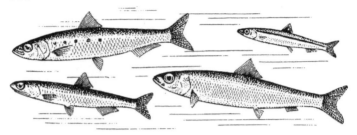

上左 マイワシ　上右 キビナゴ
下左 カタクチイワシ　下右 ウルメイワシ

イワシクジラ

62

カなど種類が多い。ハンドウイルカ
（バンドウとも）は体長2.8メートルほ
どで，よくなれ曲芸に使われる。

イワシ

ニシン科のマイワシ，別科のカタクチ
イワシ，ウルメイワシなどの総称。マ
イワシは全長20センチ余。背面は暗青
色，体側に7個内外の小黒斑が並ぶ。
サハリン南部～九州，沿海州，朝鮮に
分布する沿岸性の表層回遊魚。揚繰
（あぐり）網，巾着（きんちゃく）網など漁法
がいろいろある。種類別漁獲高が日本
漁業中最大であったこともあるが，今
ではカタクチイワシよりも少ない。塩
焼，干物にする。

鰯・鰮

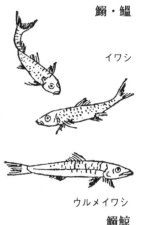

イワシ

ウルメイワシ

イワシクジラ

鰯鯨

セイとも。クジラ目ナガスクジラ科。
ヒゲクジラの類で体長17メートルほど。

鯨船　江戸時代の捕鯨
《人倫訓蒙図彙》から

イワナ

太平洋，大西洋，南極海に分布し，日本では房総半島以北に多い。小甲殻類のほか，イワシなどを食べ，群をなして回遊する。

岩魚　　　　**イワナ**

サケ科の魚。全長40センチ。本州と四国に分布。体は黄褐色，背側面に淡黄褐色の円状斑紋が散在。日本産淡水魚中最も高地の渓流にすむ。陸封種で降海型は知られていない。近縁種に北海道にすむエゾイワナ，オショロコマがあり，ともに降海型がある。ヤマメとともに谷川の釣の好対象となり，美味。

ウ

石斑魚　　　　**ウグイ**

コイ科の魚。地方名アカハラ，クキなど。全長45センチに達する。北海道～九州に分布。山間部の湖や渓流から内湾にまで広くすみ，純淡水型と降海型とある。雑食性。産卵期は3～7月。この時期成魚には体側に3条の赤色縦帯と頭部や背面に追星が現われる（婚姻色）。釣の対象となり食用。近縁種にマルタやエゾウグイなどがある。

ウグイ

牛蛙　　　　**ウシガエル**

ショクヨウ（食用）ガエルとも。アカガエル科。背面は褐色または緑～暗緑色で黒褐色の斑紋がある。体長20センチ，原産地は北米南東部で，1918年日本に移入され，現在各地に分布。平地の池に多く，夜間，ウシに似た大きな声で鳴く。昆虫・魚介類を捕食。食用に供

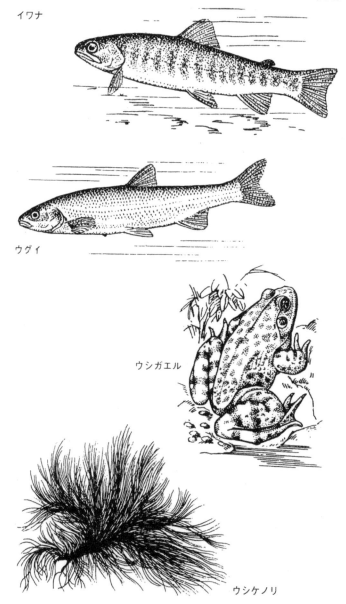

イワナ

ウシガ

ウグイ

ウシガエル

ウシケノリ

され，増殖されて米国に輸出される。オタマジャクシは12センチに達し，越冬して翌年変態する。

牛毛海苔　ウシケノリ

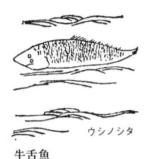

ウシケノリ綱で，海苔(アマノリ類)を含む多細胞性紅藻の一群。世界に広く分布し，海岸の高潮線付近の岩や杭の上などに冬季に多く生育する。毛のように細く，密集して群生し，長さ3～15センチ，きわめて柔らかく，紫紅色で，かわくとウルシ状の光沢がある。構造は普通1列の細胞からなるが，古くなると数列に増して太くなり，囊果を生ずる。地方名はベコノリで，食用にすることもある。

ウシノシタ

牛舌魚　ウシノシタ

シタビラメとも。ササウシノシタ科およびウシノシタ科の魚の総称。ヒラメやカレイに近く体は長楕円形で扁平，頭や尾の区別ははっきりしない。アカシタビラメやクロウシノシタなどが代表種で，ともに30センチぐらい。本州

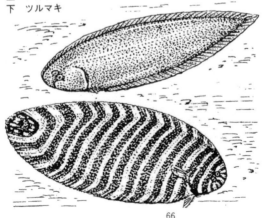

ウシノシタ
上　アカシタビラメ
下　ツルマキ

中部以南の浅海の砂泥底にすむ。ムニ
エル，グラタン，フライなどにする。

ウズラガイ

ヤツシロガイ科の海産巻貝。日本の本
州中部から熱帯の海にわたって分布し
ている。殻表に茶色の長方形の紋様が
並んでいる。卵形，中型で殻の形と紋
様からウズラガイの名がつけられた。
殻は薄く，高さ15センチくらい，殻口
が広く，ふたはない。肉は大きく食用
にする。また殻は美しいので，貝細工
の原料にする。これに近いヤツシロガ
イは日本近海に普通な種類で，ウズラ
ガイより背が低く，さらに丸みを帯び，
黄色い地に茶と白との斑があるのです
ぐ見分けがつく。

鶉貝

ウチワエビ

甲殻類セミエビ科。体は扁平で，団扇
状。頭胸甲は板状に広がり側縁は鋸歯
（きょし）状。前縁に近く１個の深い切
れ込みがある。第２触角の一部も板状

団扇蝦

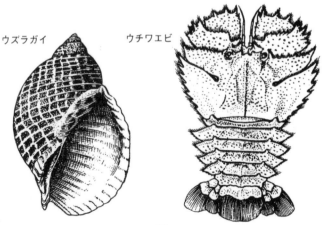

ウズラガイ　　ウチワエビ

に広がる。色は紫色を帯びた赤褐色で，体長は17センチくらい。食用になるが肉は少ない。房州以南100メートルくらいの砂泥底の海域に産し，フィリピン，オーストラリアにまで分布する。

鱓

ウツボ

ウツボ科の魚。地方名ナダ，ナマダなど。全長60センチ。胸鰭と腹鰭がなく，黄褐色地に黒褐色の不規則な横紋が並ぶ。本州中部～フィリピンの浅海の岩礁にすみ，日本のウツボ類中最も普通。性質が荒くて歯は鋭く，かまれると非常に痛い。食用とする所もあり，皮が厚いため，なめし皮にもする。近縁種にトラウツボなど。

鰻

ウナギ

ウナギ科の魚。円筒状で全長60センチ。小鱗は皮膚に埋まる。体色は環境によ

蒲焼を運ぶ丁稚　看板はうどん屋《絵本御伽品鏡》から

ウツボと
トラウツボ（下）

日本産のウナギ

ウナギ

ウナギ

って異なるが，ふつう暗褐色で腹面は
銀白色。日本～中国に分布するが，本
州中部以南の太平洋岸，朝鮮西部など
に多い。欧州産とアメリカ産のウナギ
の産卵場はバーミューダ諸島南東のサ
ルガッソー海，水深300～500メートル
のところであることが判明している。
日本産の場合は太平洋の沖合といわれ
るが，はっきりしない。幼生はレプト
ケファルスで，変態して親と同形のシ
ラスウナギになり，2～5月群をなし
て川を上る。ふつう8年ほど淡水生活
をして成熟し，産卵のため海に下る。
近縁のオオウナギは全長2メートル，
南日本～太平洋熱帯部，アフリカ東部
に分布し，日本では静岡県伊東市浄の
池，和歌山県西牟婁(むろ)郡富田川な
どのものは，天然記念物。

ウナギの蒲焼売り
《東海道名所記》から

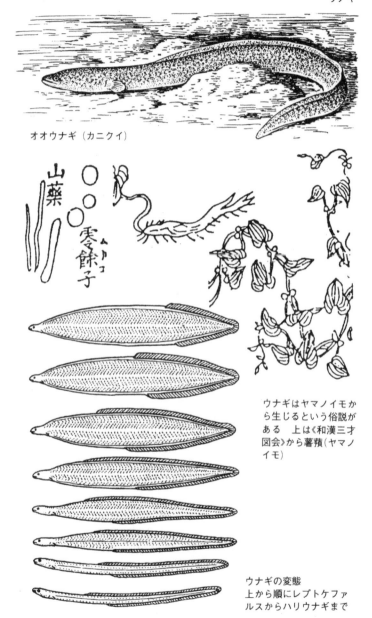

オオウナギ（カニクイ）

山藥

零餘子
ムカコ

ウナギはヤマノイモか
ら生じるという俗説が
ある　上は《和漢三才
図会》から薯蕷（ヤマノ
イモ）

ウナギの変態
上から順にレプトケファ
ルスからハリウナギまで

瀬田鰻鱺（せたうなぎ）　瀬
田は琵琶湖の南端に位置す
る《日本山海名物図会》か
ら

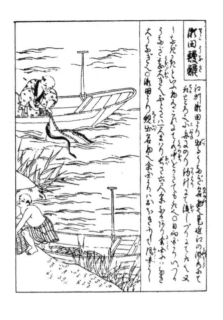

淀川網代（よど・うなぎ）

江州淀田より出るうなぎ名物にて近江の海ちかくして又うなぎたいてつあまたとれてこれまでよりもよくとれとるをふねのうへにて八寸まりおくさ六人まりありつるゝをうごきおよそ大きさあまれて猶田より猶田よりうなきかまやきうりあるさけん丸を

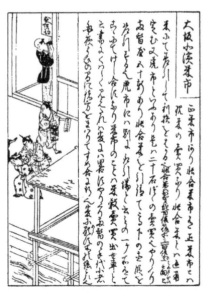

大坂北濱米市

四季市より收合麦市を正米市とい收米の雲買うり收合米とい世界まふてざ

大坂(阪)北濱米市(おおさか
きたはまこめいち)　舟上
の蒲焼売りが見える《日本
山海名物図会》から

73

ウニ

海胆・海栗

ウニ

ウニ

棘皮（きょくひ）動物ウニ綱の一群の総称。多くはまるくて，体表はとげでおおわれる。下面中央に口が，背面中央に肛門がある。体を囲む殻には5本ずつの歩帯と間歩帯が交互に並び，歩帯の骨板には小孔列があって管足が出，骨板上の乳頭突起はとげに続く。口には白色石灰質のアリストテレスの提灯（ちょうちん）という歯があり，腸は湾曲して肛門に達する。現生は860種。すべて海産で潮間帯の岩礁（がんれき）底から深海に及ぶ。バフンウニ，ムラサキウニ，エゾムラサキウニ，エゾバフンウニなどの卵巣，精巣は雲丹（うに）として食用とされる。ほかにガンガゼ，パイプウニ，ラッパウニ，アカウニなどがよく知られる。

越前海膽（えちぜんうに）
福井の浜でのウニとり　塩を加えて塩辛をつくる《日本山海名産図会》から

74

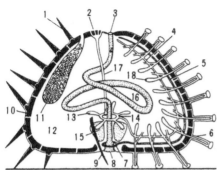

ウニの縦断面図
1.とげ　2.穿孔板　3.
肛門　4.放射水管　5.
放射神経　6.管足　7.
神経環　8.口　9.歯
10.骨板　11.生殖巣
12.体腔　13.ポリ嚢
14.環状水管　15.咀嚼
筋　16.腸　17.石管
18.瓶嚢

ラッパウニ　　　　　　　　　　　　パイプウニ

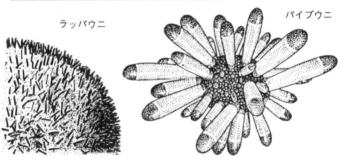

姥貝・雨波貝

ウバガイ

ホッキガイとも。バカガイ科の二枚貝。高さ7.5センチ，長さ9.5センチ，幅4.5センチ，殻は厚く重い。殻表は白色で，幼貝では黄色，成貝では暗褐色の殻皮をかぶる。鹿島灘〜オホーツク海，朝鮮に分布。外洋に面した浅海の砂底にすむ。産卵期6〜8月。肉は美味で，足を干物にも利用し，養殖も行なわれる。

姥鮫

ウバザメ

ウバザメ科の魚。地方名バカザメ，テングなど。全長10メートル余。鰓孔（さいこう）が大きく背から腹面にまで達する。ほとんど全世界の外洋，特に北太平洋に多く，岸に近づくこともある。胎生。性質はおとなしく表層近くでプランクトンを食べる。肝臓から特殊肝油（化粧品の原料スクアレン）をとり，食用にもする。

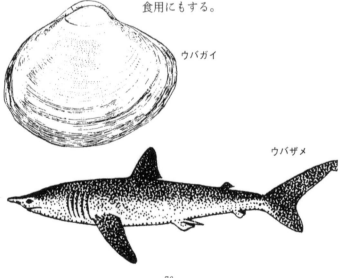

ウバガイ

ウバザメ

ウマヅラハギ

カワハギ科の海産魚。ウマヅラとも呼
ぶ。体は地方でナガハゲと呼ばれるよ
うに，楕円形でカワハギより長い。体
色は青みを帯びた黒褐色で，鰭はすべ
て青みが強い。体長は30センチを越え
る。北海道以南，日本各地の沿岸に分
布し，成魚はカワハギより深所にすむ。
稚魚はカワハギと同様に，流れ藻につ
いて海面近くを遊泳する。肉は干物に
し，肝臓も美味である。

ウミガメ

海亀

海生のカメの総称。いずれも大型で，
陸上へは産卵のためにしか上がらない。
四肢は櫂(かい)状または鰭(ひれ)状をな
して泳ぐのに適し，甲に引っ込められ
ない。全世界の熱帯，亜熱帯の海に分
布し，日本近海にはアカウミガメ，ア
オウミガメ，タイマイ，オサガメなど
がすむ。一部は食用になる。

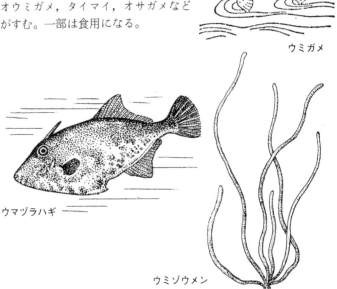

ウミガメ

ウマヅラハギ ——

ウミゾウメン

海索麺

ウミゾウメン

ベニモズク科の海藻。長さ10〜30センチ，直径2ミリのひも状で，干潮線付近の岩や貝殻に密生。暗紫色で柔らかく粘りがあり，酢の物，汁の実，刺身のつまなどにして食用。塩漬や乾燥して貯蔵する。

海鱮

ウミタナゴ

ウミタナゴ科の魚。形はフナに似て全長20センチ。銀白色。北海道南部〜九州の沿岸に分布。胎生魚で5〜6月，10〜40匹の子を産む。磯釣の対象魚で煮付などにして美味。

ウミタナゴ

海蜷

ウミニナ

ウミニナ科の巻貝。高さ30ミリ，幅13ミリ，殻表は石畳状。白色帯をもつものもある。本州〜九州，朝鮮・中国の潮間帯の砂礫(されき)底に普通。近縁種のホソウミニナは殻が細く，サハリンまで分布。ヘナタリは河口に多く，黄白色と黒褐色の横縞(よこじま)があり，殻口の外唇(がいしん)が広がる。ゆでて殻の上部を割って食べる。

ウミゾウメン

鱗 うろこ

動物の種類によって体表の大部分または一部分をおおうかたい小薄片。皮膚の付属物で，ヘビやトカゲ，または鳥の脚などの表皮表面の角質化による角鱗，硬骨魚の真皮の骨化による骨鱗，軟骨魚の表皮性のエナメル質と真皮性の象牙(ぞうげ)質からなる楯鱗(じゅんりん)などがある。魚の鱗には同心円状の年輪が認められ，年齢を判別し得る。数は種類によって一定。

《和漢三才》に描かれた鱗

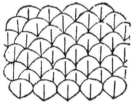

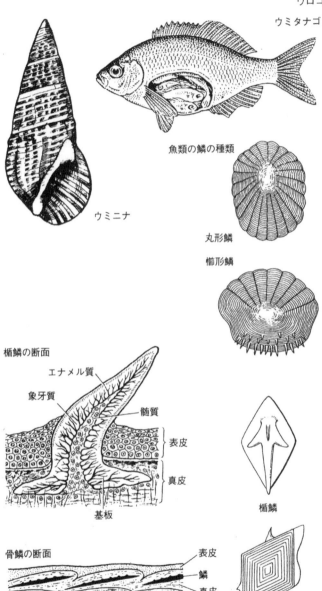

ウロコ

ウミタナゴ

魚類の鱗の種類

ウミニナ

丸形鱗

櫛形鱗

楯鱗の断面

エナメル質

象牙質

髄質

表皮

真皮

基板

楯鱗

骨鱗の断面

表皮

鱗

真皮

筋肉

硬鱗

79

エ

鱝

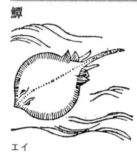

エイ

エイ

サカタザメ科，トビエイ科，ヤマトシ
ビレエイ科，ウチワザメ科，ガンギエ
イ科などに属する板鰓魚類の総称。鰓
孔は体の下面に開き，胸鰭は大きく水
平に広がって頭側と癒合する。全長数
メートルに達するものもあり，浅海〜
深海に広く分布。サカタザメ，アカエ
イ，ガンギエイ(以上食用)，イトマキ
エイなどが著名。

狗母魚・鱛

エソ

エソ

エソ科魚類中のマエソ属，アカエソ属，
オキエソ属等の総称。すべて暖海性の
底生魚で，口が大きく，歯が鋭いのが
特徴。マエソは円筒状で全長40センチ。
背面は暗褐色，腹面は銀白色。本州中
部以南に分布，近海の砂泥底にすむ。
近縁のワニエソ，トカゲエソなどとと
もにかまぼこの原料として重要。

越前水母

エチゼンクラゲ

腔腸(こうちょう)動物ハチクラゲ類，ビ
ゼンクラゲ科。かさは半球状で直径1
メートル，重さ150キロにもなる。寒
天質は厚くてかたい。淡褐色でかさの
縁は褐色。朝鮮の南岸や中国の沿岸に
産し，海流にのって日本海を北上，北
海道まで分布する。タイの釣餌に用い，
食用にもする。

斉魚

エツ

カタクチイワシ科の魚。ウバエツとも
いう。日本では筑後川の下流とこれの

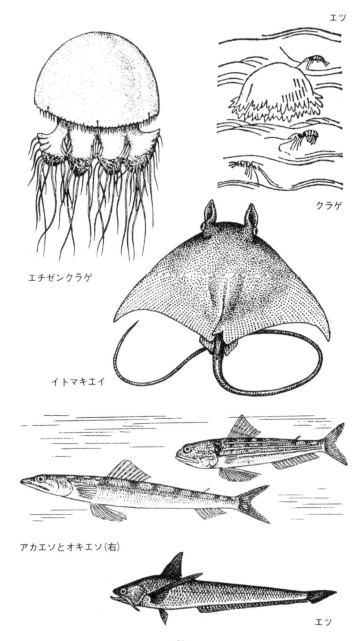

エツ

クラゲ

エチゼンクラゲ

イトマキエイ

アカエソとオキエソ（右）

エツ

エビ

エビの体各部の名称
1. 第１触角　2. 第２触角
3. はさみ　4. 歩脚　5. 目
6. 頭胸部　7. 腹部　8. 尾部
9. 交尾肢　10. 遊泳脚　11.
肛門　12. 口　13. 生殖門
　　　　　　　（右ページ上）

海老・蝦

エビの縦断面
1. 脳　2. 口　3. 食道　4. 胃
5. 胃歯　6. 肝臓　7. 心臓
8. 血洞（囲心腔）　9. 卵巣
10. 胸神経節　11. 腹下動脈
12. 肋動脈　13. 腹上動脈
14. 腹筋　15. 腸　16. 肛門
　　　　　　　（右ページ中）

エビ

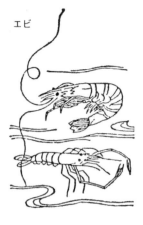

流入する有明海だけに分布。朝鮮半島や中国にも同属が生息する。中国では〈刀魚〉という。体長30センチで，カタクチイワシに似ているが，尾部が細長く，しり鰭の基底がはなはだ長くて尾鰭と連なっている。また胸鰭の上部の数個の軟条が糸状に伸びている。4～5月に筑後川を遡（さかのぼ）りはじめ，夏に産卵する。産卵前はエツ料理と呼び筑後川の名物であるが，産卵後に川を降るものはシリガレエツといい不味。

エビ

甲殻綱十脚目長尾類の総称。頭胸部，腹部からなる。第２触角は特に長く，胸脚ははさみをなすものが多い。腹部は7節，筋肉がよく発達しその屈伸によって運動する。外骨格が比較的薄く水中を泳ぐ遊泳類と，外骨格が堅い歩行類とに分けられる。熱帯～寒帯に広く分布，淡水産はヌマエビ，テナガエビ，ザリガニなどで海産種が多い。日本近海には500種ほど。成長の過程は一様ではないが，ふつうノープリウス，ゾエア，ミシスなどの幼生を経て成体になる。イセエビ（歩行類），クルマエビ，サクラエビ，テッポウエビ，クマエビ，コウライエビ，ホッカイエビ，シバエビ（遊泳類）など水産食品として重要なものが多い。沿岸性のものは打瀬網で，深海性のものは機船底引網で，イセエビは底刺網で漁獲。クルマエビ他の養殖事業も盛んである。一般に美味で惣菜（そうざい），高級料理に用いられ，漁業飼料としても重要。

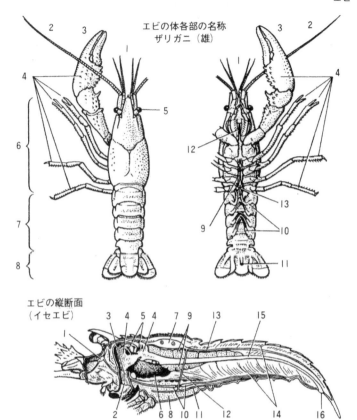

エビの体各部の名称
ザリガニ（雄）

エビの縦断面
（イセエビ）

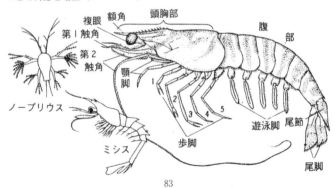

エビの外形と幼生（クルマエビ）

複眼　額角　頭胸部
第1触角
第2触角
顎脚
ノープリウス
腹　部
歩脚
遊泳脚　尾節
ミシス
尾脚

蝦雑魚　　　　　　**エビジャコ**

甲殻類エビジャコ科のエビ。体は側扁
して暗青色。はさみの形に特色があり，
先端の可動指は掌部の外端から直角に
出て鎌形。触角は割合に短く，体長は
4.5センチぐらい。全国の沿岸の浅海
にすみ，食用。近似種が多い。

柄海鞘　　　　　　**エボヤ**

エボヤ科の原索動物。日本沿岸各地に
広く分布する。体は卵形で長さ4セン
チ，直径2センチくらいで，長さ約4
センチの柄で岩などについている。で
こぼこの体の表面は黄褐色で堅い。入
水管と出水管が，体の上端近くにある。
雌雄同体である。外皮を取り，身（筋
膜体）を塩辛などにして食べる。

鰓　えら

魚類など水生動物に最も普通な呼吸器
官。脊椎動物では消化管の前方部両側
の数対の鰓孔（さいこう）を中心に生じ，
両生類では普通は幼生期だけ，魚類で
は一生みられる。また甲殻類，水生昆

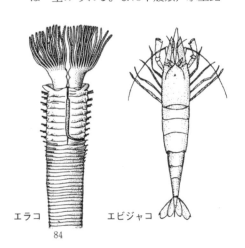

エボヤ　　　　エラコ　　　　エビジャコ

虫の幼生，軟体動物，環形動物などに
もある。形は動物によって異なるが，
体表の一部が薄い膜となって櫛（くし）の
歯状や樹枝状に分岐。内部は毛細血管
が多数分布して体液と水とのガス交換
を行なう。

エラコ 鰓蚕

環形動物多毛類。体長8センチ内外。
体は細かい砂粒をつけた管の中にはい
っている。頭部にある褐紫色の鰓（えら）
を動かして呼吸したり，餌を捕える。
北日本の海岸の岩の間などに群生。釣
餌などに用いられる。塩辛をつくる。

エラブウミヘビ 永良部海蛇

エラブウナギとも。コブラ科の毒ヘビ。
体長1.2メートル。日本列島南部沿岸
から南シナ海，インド洋に分布。琉球
列島の珊瑚礁に多い。体色は暗緑色と
黄褐色が混じる。尾は側扁して遊泳に
適する。強い神経毒をもつが，人には
かみつかない。魚類を捕食し，陸上で
産卵。民間薬，食用に供する。

エラブウミヘビ

オ

尾赤鰘　　　　　**オアカムロ**

ムロアジの1種，アジ科の海産魚。オ
アカともいう。形，大きさともサバに
似て，体長は45センチくらいになる。
体色は背方は青く，口辺やすべての鰭
が赤みを帯び，尾鰭のへりは黄色みを
帯びる。インド洋から太平洋熱帯部に
多く，北は東京近海まで分布している。
夏に美味で，鮮魚で食用とする。

追河　　　　　　**オイカワ**

コイ科の魚。地方名ハヤ，ハエ，ヤマ
べなど。全長は雄16センチ，雌12セン
チ。関東地方以西〜朝鮮，台湾，中国
大陸の一部に分布，近年東北地方にも
移殖された。湖や沼，河川の中流域〜
河口近くまで広く分布し，雑食性。毛
針釣など，釣の対象魚として人気があ
る。やや美味。産卵期の雄はあざやか

オイカワ

オアカムロ

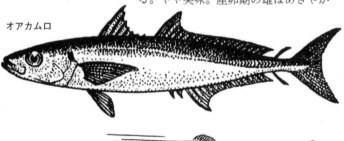

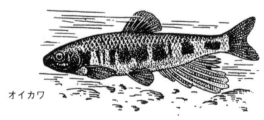

オイカワ

な婚姻色と追星(おいぼし)を現わし，し
り鰭が大きくなる。

追星　おいぼし

ある種の淡水魚(キンギョ，タナゴな
ど)の体表の一部に現われる白点。三
次性徴の一種。雄性ホルモンの働きに
より，通常は繁殖期の成長した雄にの
み見られる。

オオサンショウウオ　　大山椒魚

ハンザキとも。オオサンショウウオ科。
現生最大の両生類で体長1.2メートル
に達する。体色は暗褐色で黒色の斑紋
が散在。西日本の山間の渓流に分布し，
昼間は水面下の穴に隠れ，夜間魚介類
を捕食する。幼生は3年後に変態。「生
きた化石」として世界的に有名で，特
別天然記念物。肉は美味という。

オオノガイ　　大野貝

オオノガイ科の二枚貝。高さ5.5セン
チ，長さ10センチ，幅3.5センチ。殻
は灰白色で薄質，その上を黄白色の殻

オオノガイ

オオサンショウウオ

オオバ

皮がおおう。右殻は左殻より少し大き
く，両殻の後端はすきまがあく。左殻
頂の下にスプーン状の突起がある。水
管は長い。産卵期は4〜10月。九州以
北の内湾の泥底にもぐってすむ。欧州，
北アメリカにも広く分布。肉は美味で
スープなどにする。

大判火皿貝

オオバンヒザラガイ

ヒザラガイ科の軟体動物。千島列島，
サハリン，アレウト列島，アラスカか
ら，北アメリカのカリフォルニアまで
分布。ヒザラガイ類中で最も大きくな
る種類で，長さが30センチに達する。
他のヒザラガイと違い背面の8枚の殻
が肉でおおわれ体表に現われない。ム
イとも呼び，アイヌの伝説によると，
エゾアワビは北海道全海岸にいたが，
ムイと戦って，西海岸に追いやられ，
ムイ岬(恵山岬)以東がムイの住みかと
なった，ということである。実際に北
海道の東岸に分布が限られている。白
い肉は割合に美味なので，生でも食べ
られる。北洋漁業の網にかかる。初夏
に産卵のため岩上に現われる。

オオバンヒザラガイ

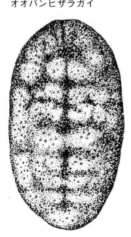

オナガザメの一種マオナガ

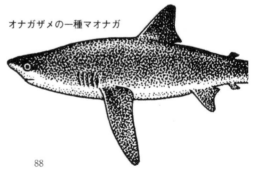

オオヘビガイ

オオヘビカイ科の巻貝。殻は褐色を帯
びた白色。殻径5センチ，殻口は丸く
て直径1.5センチくらい。殻の巻き方
は不規則で，ふたを欠く。北海道南部
〜九州，朝鮮，中国等の潮間帯の岩礁
に殻で付着し，粘性の糸を出して，こ
れに付着した餌を食う。卵嚢を殻の中
に産む。肉は甘味がある。

オナガザメ

尾長鮫

オナガザメ科の魚の総称。地方名ネズ
ミブカ。いずれも尾がはなはだ長く，
全長6メートルに及ぶものがある。本
州中部以南の暖海に分布し，かまぼこ
など練製品の原料。学者によってはマ
オナガのみをいう。

オニオコゼ

鬼虎魚

フサカサゴ科の魚。一般にオコゼとい
えば本種をさす。全長20センチ余。背
鰭のとげは鋭く，毒腺があり，刺され
るとひどく痛む。体に鱗がなく，皮膚
は弾性に富む。本州中部〜中国広東省
に分布し，海底にすむ。体色と斑紋の
個体変異は著しく，黒，褐，乳白，

オコゼ

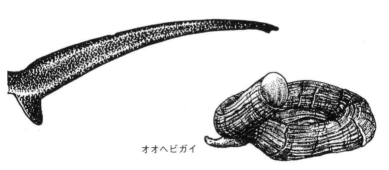

オオヘビガイ

オヒヨ

赤，黄など。卵は分離浮遊性。冬が旬
で刺身，椀種などとして賞味される。

大鮃　**オヒョウ**

カレイ科の魚。ヒラメ・カレイ類中最
も大型で全長2.7メートル，体重240キ
ロに達する。目は体の右側にあり，有
眼体側は黒褐色ではっきりしない白斑
が散在する。北太平洋に分布し，深さ
70〜80メートルの岩礁などに群生する。
貪食(どんしょく)でタラ，ニシンなどを
捕食。鮮度のよいものは非常に美味。
近年冷凍品が多量に出回ってヒラメの
代用品となっている。

オニオコゼ

オヒョウ

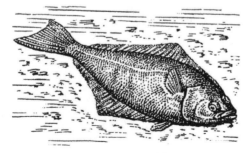

力行

カ

貝　かい

貝殻。殻皮，稜柱層，真珠層の3層からなり，軟体の外套(がいとう)膜から分泌される。最外層の殻皮はコンキオリンと呼ばれるタンパク質の一種で，革質。稜柱層は方解石から，真珠層はアラレ石からなり，主成分は炭酸カルシウム。また，広義には軟体動物のことを指す。普通はそのうちの貝殻をもったものをいう。ウニ，フジツボ，ホオズキガイ等を含めることもある。大部分は海産だが，淡水や陸上にもすむ。斧足(ふそく)類のオオジャコガイ(殻長1.37メートル，重量263キロ)，腹足類

貝殻《和漢三才図会》から

《東海道中膝栗毛》から
浮瀬の貝杯

カイ

二枚貝の貝殻の各部名称

靭帯

蝶番

後閉殻筋痕

前閉殻筋痕

套痕

套痕湾入

殻頂　背　　靭帯

前　　　　　　　後

腹

貝殻の断面図構造

殻皮

稜柱層

真珠層

貝殻上皮

結合組織

繊毛上皮

タケノコガイ

アサガオガイ

貝は食用にするばかりでなく貝殻はコレクションの対象や工芸品の材料にもなる

サクラガイ

クダマキガイ

93

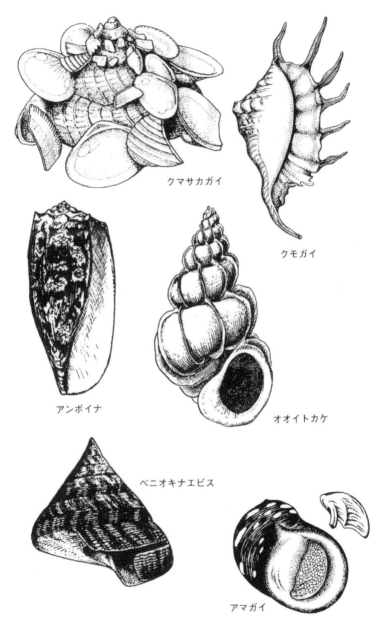

クマサカガイ

クモガイ

アンボイナ

オオイトカケ

ベニオキナエビス

アマガイ

94

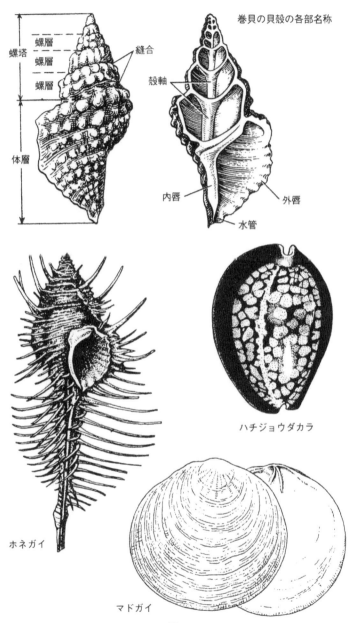

巻貝の貝殻の各部名称

螺塔
螺層
螺層
螺層
縫合
体層

殻軸
内唇
外唇
水管

ハチジョウダカラ

ホネガイ

マドガイ

95

カイソ

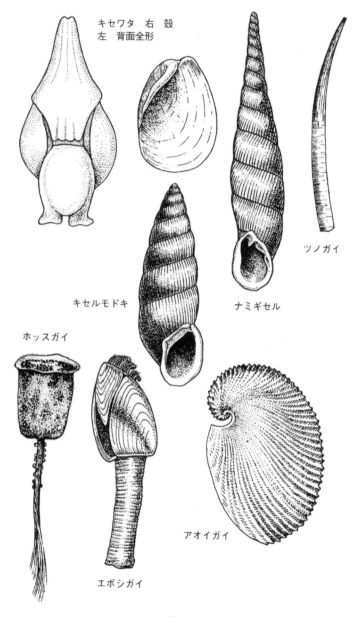

キセワタ　右　殻
左　背面全形

ツノガイ

キセルモドキ

ナミギセル

ホッスガイ

エボシガイ

アオイガイ

96

のアラフラオオニシ（殻高80センチ）が
おのおの世界最大種である。日本産で
は二枚貝類のヒレジャコガイ（殻長32
センチ），腹足類のホラガイ（殻高40セ
ンチ）が最も大きい。食用，細工物な
どに利用される。

海藻　かいそう

肉眼で見ることのできる海の藻類をい
う。プランクトンとして多量に出現す
る珪（けい）藻類や赤潮の原因となる渦
鞭毛（うずべんもう）藻類などの微小藻は
含まない。植物体の構造は簡単で，根，
茎，葉の分化も進んでいず，根はただ
の付着器官で仮根と呼ばれる。海藻は
紅藻類，褐藻類，緑藻類の3群に代表
される。紅藻類にはアサクサノリ，テ
ングサ，フノリなどがあり，全般的に
小さく，1メートル以下。葉緑素のほ

海藻

《近江名所図会》から　心太
（ところてん）を売る夏見の
里の茶屋　心太は海藻の一
種テングサを原料とする

か，紅色の藻紅素（フィコエリトリン）などの色素をもち，体は紅色。同化産物の紅藻デンプンなどを貯蔵。褐藻類はコンブ，ワカメ，ホンダワラなどで，世界には60メートルに達する大型のものもある。葉緑素のほか藻褐素（フコキサンチン）などをもち，体は褐色。同化産物にラミナリン，マンニトールがあり，ヨウ素含量も高い。緑藻類は体制が簡単で糸状あるいは1〜2層の細胞からなる膜状となる。葉緑素a，bをもち，光合成によりデンプンを生産。おもな種類にアオノリ，アオサ，ミルなど。海藻は潮間帯から約20メートルの深さの漸深帯にかけて生育するものが多い。日本近海に約1000種。日本の海藻の利用は世界一で，海苔（のり），寒天，心太（ところてん）などとして食用

海藻　ウミウチワ

カイニンソウは
駆虫剤に利用

カキ料理を供した
カキ船　大正時代

にするほか，糊料，駆虫剤，肥料，アルギン酸の原料などとする。

カイワリ 　　　　　　　　貝割

アジ科の魚。地方名ピッカリ，メッキ，メイキなど。全長30センチ。体は側扁し，背鰭としり鰭に黒帯が走る。金華山・能登半島以南に分布。美味。

カキ 　　　　　　　　　　牡蠣

イタボガキ科の二枚貝の総称。左殻は大きくて深く，岩に付着し，右殻はやや小さく，ふくらみは弱い。形は付着生活のため一定しない。殻表の成長脈は板状に発達してあらい。かみ合せは短く靭弾帯があり，著しい歯はない。軟体は中央に大きい貝柱（後閉殻筋）があり，足は発達しない。日本近海には約25種，なかでもマガキは古くから食用にされ，殻の表面は多数の薄板が重

カキ

カキ売り
《絵本御伽品鏡》から

なり，濃紫色の放射状色帯が走る。内湾の比較的塩分の少ない潮間帯の岩礁（がんれき）に付着，産卵期は6〜7月。日本全土に分布。スミノエガキの殻はマガキに似て有明海に多い。ケガキは殻表にとげがあり，北海道南部以南の外洋の岩礁につく。以上の種は卵生で，同一個体に雌雄性が交替に現われる。イタボガキは殻表に細かいひだをもち，内湾の浅い海底の石に付着する。卵胎生で雌雄同体。繁殖期は5〜8月。一般に栄養価が高く，酢ガキ，カキ鍋（なべ）などに美味。旬は冬季。養殖は垂下養殖が最も普通で，幼貝の付着した採苗用貝殻を適当な間隔で針金に連結し，竹の筏（いかだ）からつるして育てる筏式と，筏の代りに浮きだるを縄でつないだものを用いる延縄（はえなわ）式，海中に杭（くい）を打って横木を並べたものを用いる簡易垂下式の3種がある。

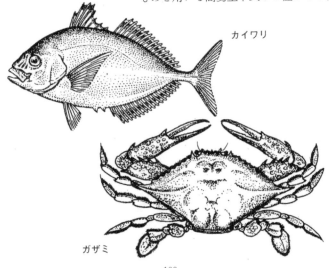

カイワリ

ガザミ

100

またある程度育てた幼貝を海底にまいて育てる地撒(じまき)養殖，海中に木や竹を立て幼貝を付着させてそのまま育てるそだひび養殖もある。主産地は広島，宮城で，宮城は種苗の産額も多い。

カグラザメ　　　　　　神楽鮫

カグラザメ科の海産魚。単にカグラともいう。太平洋・大西洋・地中海・インド洋の南部や南アフリカに分布，深海に生息。鰓孔が体の各側に6個あるので有名。体色は淡褐色。背鰭は体の後方にただ1個ある。体長は4.5メートル以上になる。日本ではかまぼこの材料とする。外国ではその油を利用するが，本種の多い地中海では有用魚類を食害して漁民にきらわれている。

カサゴ　　　　　　　　笠子

フサカサゴ科の魚。地方名カシラ，アラカブ，カラコなど。全長30センチ余り。体色は暗褐色から赤色までさまざ

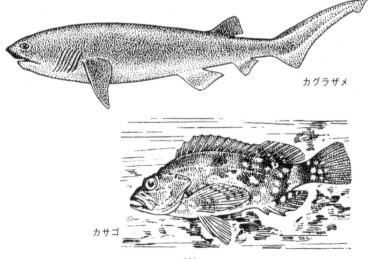

カグラザメ

カサゴ

ま。北海道～中国広東省に分布。沿岸岩礁部にすむ。卵胎生。おもに釣で漁獲される。かなり美味。近縁種のアヤメカサゴはやや深い所にすみ，味は劣る。

蝤蛑

ガザミ

ガザミ

ワタリガニとも。甲殻類ワタリガニ科。甲は横に広いひし形で前側縁に9個の歯があり，最後の歯は強大で横に突出。青緑色で雌は暗紫色が強い。はさみの末半分は赤紫色。甲長は7センチ，甲幅は15センチくらい。青森湾以南，台湾付近までの浅海にすむ。食用として重要で，刺網などで漁獲。

鰍・杜父魚

カジカ

カジカ科の淡水魚。全長11センチ。背面は灰色または褐色で，暗褐色の斑紋がある。本州，四国および九州北西部に分布。水の澄んだ瀬の底にすみ，おもに昆虫の幼虫を食べる。産卵期1～4月。美味。近縁種にウツセミカジカ，カンキョウカジカ，ハナカジカ，カマキリなど。また地方によってはハゼ科のヨシノボリやビリンゴをいうこともある。

梶木

カジキ

マカジキ科，メカジキ科の2科からなる。東京などではマカジキのみをいうことが多い。また別科のメカジキを含めることもある。マカジキは地方名ナイラゲ，ハイオなど。全長3メートル。上顎が伸びて剣状のくちばしを形成する。背面は黒紫青色，腹面は銀白色。太平洋温暖部に分布し，突ん棒(つきん

《日本山海名産図会》から
諸国の河鹿という魚
カジカガエルを含めて10
種の図を収録している

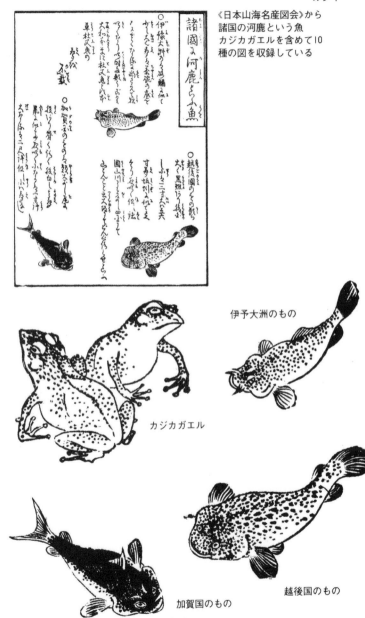

諸國の河鹿とふ魚

○ 伊豫大洲ろ処鯉の何

○ 越後國のその魚

○ 加賀のその魚

伊予大洲のもの

カジカガエル

加賀国のもの

越後国のもの

103

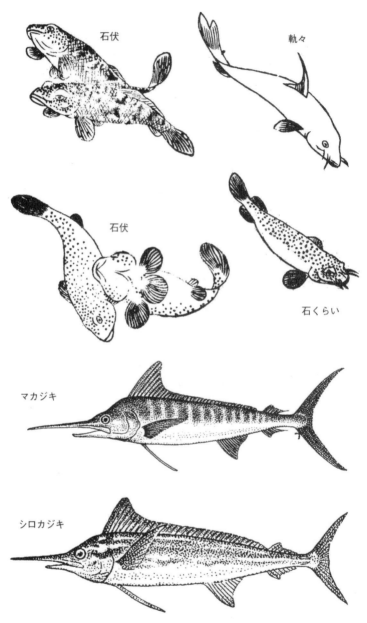

石伏

軌々

石伏

石くらい

マカジキ

シロカジキ

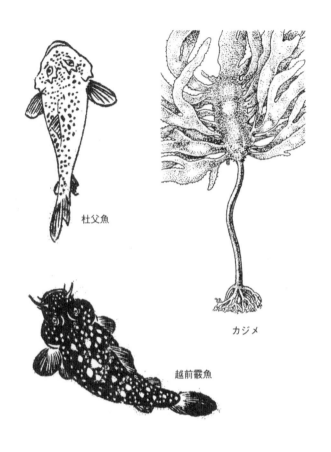

杜父魚

カジメ

越前霰魚

カスザメ

ぼう），マグロ延縄（はえなわ）などで混
獲される。肉は淡紅色，刺身になる。
シロカジキ（シロカワカジキ，シロカ
ワとも）は，マグロ，カジキ類中最大
で全長4メートル，体重600キロに達
する。太平洋，インド洋の温暖部に分
布。胸鰭を倒すことができない。刺身
にして美味。バショウカジキは地方名
バショウ，バレン。全長2メートル。
北海道南部～台湾に分布。他のカジキ
類より沿岸に近づく性質がある。

搗布

カジメ

ノロカジメとも。褐藻類レッソニア科
の多年生海藻。本州中部の太平洋沿岸
に分布。低潮線付近から約15メートル
の海底にアラメとともに大きい群落を
つくる。体はアラメのようにふたまた
に分かれることがなく，中央の厚い部

カジキ

分から羽状に葉片が出る。高さ1～2
メートル。ヨウ素やアルギン酸を含有。
佐渡などでは板アラメとして食用。

カスザメ

カスザメ科の海産魚。地方名でカスク
レともいう。近縁にコロザメがある。
体が平たく，エイ類に似た形をしてい
るが，サメ類に属する。体長1.5メー
トルに達する。本州中部以南に分布，
底生性で砂中に没して生活する。胎生
で冬に，1産で10尾を産む。かまぼこ
の原料となり，また，皮は鮫鑢(さめや
すり)として研摩用に利用される。

カツオ

サバ科の魚。地方名マガツオ，カツ，
若魚はトックリなど。全長1メートル
にも達する。体は紡錘形で，背側は暗
青色，腹側は銀白色。全世界の暖海に

糟鮫

鰹

土刕(州)鰹釣(どしゅうか
つおつり)土州は土佐(高知
の旧国名)《山海名産》から

分布。日本では太平洋側に多い。北半球では春になると北方へ回遊する。遊泳力が強く，時速45キロ以上といわれる。カツオ釣船により一本釣で漁獲。鮮魚は刺身その他にして賞味されるほか，かつお節，なまり節，缶詰などに多量に消費される。

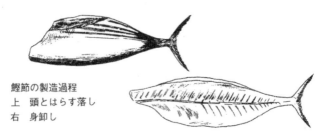

鰹節の製造過程
上　頭とはらす落し
右　身卸し

カツオ

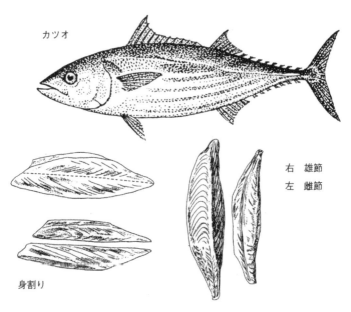

右　雄節
左　雌節

身割り

《東都歳事記》 初夏交加図
右の図の中央に鰹をかつぐ
魚屋が見える

109

鰹漁　とったカツオは浜に
上げられすぐにさばかれる
《日本山海名産図会》から

鰹節（かつおぶし）の製造
カツオの身をはずす《日本
山海名産図会》から

110

海人釣る舟迎て鰹猟

カツオ

鰹節の製造　さばいたカツ
オを蒸す《山海名産》から

蒸して乾き火を制を

乾魚成磨て納む

干し上ったカツオを調整して次の工程へ送る《日本山海名産図会》から

金頭・鉄頭

カナガシラ

蟹

カナガシラ

ホウボウ科の魚。地方名はキミヨ，キントウ，カナンドなど。全長30センチ余。体の背側部は赤く，第1背鰭に深紅色の斑紋がある。本州～東シナ海に分布。機船底引網やトロール網で漁獲する。近縁の数種を混称することも多く，いずれも美味。

カニ

甲殻綱短尾類の総称。エビ，ヤドカリ類と同様，頭胸部と腹部からなるが，腹部は縮小し，筋肉も退化している。胸脚は5対，第1胸脚ははさみになって摂食，防御，攻撃などに役だつ。腹部は普通雄では幅が狭く，雌では広い。卵は雌の腹部に付着したまま発育し，ゾエア期で孵化(ふか)，メガローパ期を経て成体になる。寒帯～熱帯に広く

カナガシラ

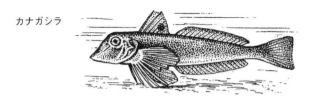

カニの体の各部名称

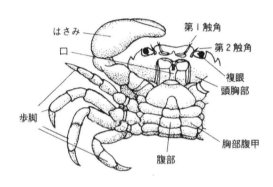

はさみ
口
歩脚

第1触角
第2触角
複眼
頭胸部
胸部腹甲
腹部

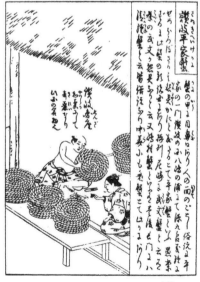

讃岐平家蟹（さぬきへいけがに）　巨大に描かれたヘイケガニ（実際は甲長、甲幅とも2センチ）《日本山海名物図会》から　右は讃岐（香川）の円座つくり

カマキ

カニ

鎌切・杜父魚

分布するが，陸棚，岩礁，サンゴ礁にすむ種は特に多い。タカアシガニは世界最大で，はさみを広げると2～3メートル，日本特産種である。純淡水産のサワガニ，陸上生活に移りつつあるベンケイガニ，寄生性のカクレガニなど適応は広い。モクズガニは肺臓ジストマの中間宿主として有名。ガザミ，ズワイガニ，ケガニなど水産資源として重要な種類も多い。ヤシガニ，タラバガニなどはカニに似るが歩脚は3対で，ヤドカリとともに異尾類に属する。

カマキリ

カジカ科の魚。地方名アラレガコ，アイ(ユ)カケなど。全長25センチ。鰓にとげがある。日本特産で本州中部以西に分布。河川の中流域の礫底(れきてい)にすむ。産卵期は冬で，そのころ下流におりる。孵化(ふか)した稚魚はいったん海に下り，少し成長してから再び川を遡(さかのぼ)る。美味で福井県九頭竜(くずりゅう)川の名物。地域を限って天然記念物に指定されている。

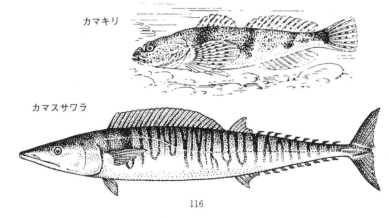

カマキリ

カマスサワラ

カマス

カマス科の魚。日本にも数種類産するが，全長30〜50センチのものをさすことが多い。ヤマトカマス，アカカマスなどが知られ，本州中部〜太平洋熱帯部に分布。塩焼や生干しなどにして美味。全長1〜1.8メートルのオニカマス（ドクカマス）は毒性をもつことがあり，食用には注意を要す。

カマスサワラ

サバ科の海産魚類。オキザワラ，オキサワラ，スジカマス，長崎でオオカマス，サワラともいう。千葉県および島根県以南，フィリピン，ハワイまで分布し，大西洋にもいる。全長2メートルに達する。マグロ延縄（はえなわ）漁で混獲される。肉は白く，軟らかい。刺身や切身にしてフライ，照焼，塩焼，味噌漬などにして利用。

カマツカ

スナムグリとも。コイ科の淡水魚。口は吻（ふん）の下面にあって，唇（しん）部に多くの肉質突起を備える。口角にく

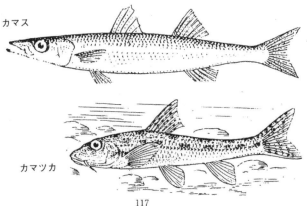

カマス

カマツカ

117

ちひげが1対。全長約20センチで，体は淡黄灰色。北海道，青森を除く日本各地と朝鮮，中国東北の南部に分布し，平野部の川や湖の砂底にすむ。底生の小動物を食べ，産卵期は5〜6月。食用。

亀の手・石蜐

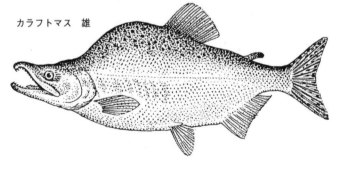

カメノテ

カメノテ

甲殻類ミョウガガイ科。干潮線付近の岩礁の割れ目などに群がって着生する。色は黄色。全長7センチ，幅4センチくらい。細かい鱗片でおおわれた太い柄があり，その先端の頭状部は三角形で，大小合わせて30〜34個の殻板で包まれる。内部には蔓状の脚6対を収める。雌雄同体。本州以南に広く分布，マレー諸島に及ぶ。地方によっては汁の実などにする。

萱藻苔

カヤモノリ

世界の海に広く分布する褐藻カヤモノリ科の海藻。冬に満潮線付近の岩の上や潮溜(しおだまり)などに生ずる。カヤの茎に似た体は細い円柱状で中空，2層の細胞からなり，長さ10〜25センチ，あるいはそれ以上に長くなる。小間隔をおいて多数のくびれがある。淡褐色

カラフトマス　雄

で革質。冬季に採取し，きざんだもの
をアサクサノリと同じように抄（す）い
て干し，食用とする。

カラスガイ

メンガイとも。イシガイ科の淡水二枚
貝。高さ12センチ，長さ25センチ，幅
8センチ。幼貝には背上に鰭状突起が
あり，表面の殻皮は黄色。成貝の殻皮
は黒く，光沢がある。幼生をグロキジ
ウムといい，淡水魚に付着する。日本
全土，朝鮮，中国に広く分布し，湖沼
の泥底にすむ。殻は貝細工に使う。中
国では13世紀ころから，貝殻と外套
（がいとう）膜の間に仏像等を入れて真珠
層でおおわせることが行なわれ，これ
が養殖真珠の発想となった。肉を食用
にするがあまり美味ではない。

カラフトマス

サケ科の魚。地方名ラクダマスなど。
全長50センチ。産卵期の雄は頭に近い
背部が著しく隆起するのでセッパリマ
スともいう。北太平洋に広く分布。第
二次大戦以前には塩マスとして最も安
い魚であったが，近年はピンクと称し，
特に缶詰が喜ばれる。

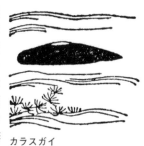
鳥貝・蚌
カラスガイ

樺太鱒

カメノテ

カラスガイ

鰈

カレイ

川蜷・河貝子

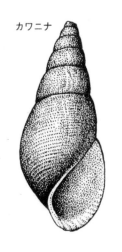

カワニナ

カレイ

カレイ科の魚類の総称。いわゆるヒラメ・カレイ類中，普通，眼が体の右側にある。眼は孵化（ふか）当時は普通の魚と同様に両側にあるが，成長に伴って片側に移動する。体は側扁し，有眼側は暗色で周囲の色彩に従って変化する保護色。片側は白い。種類が多く，オヒョウ，マコガレイ，マガレイ，アカガレイ，イシガレイ，メイタガレイ，ヤナギムシガレイなど重要な食用魚がある。

カワニナ

カワニナ科の巻貝。高さ3センチ。幅1.2センチくらい。殻は黄緑色または黄褐色だが，多くはよごれて黒色。成貝は殻頂部がとれてなくなっているものが多い。北海道南部〜台湾の河川に

普通で，卵胎生。ホタルの幼虫の餌に
なる。また，肺臓ジストマ，横川吸虫
等の第1中間宿主。近似種にチリメン
カワニナ(関西)，ヒタチチリメンカワ
ニナ(関東)など。ゆでて食用にした。

カワノリ 川海苔

緑藻類カワノリ科の淡水藻。本州中央
部以南の太平洋に注ぐ川の上流で水流
が激しいところの岩上によく生育する。
日光の大谷川は生育地として有名。体
はささの葉状，鮮緑色で，1層の細胞
からできている。長さ3〜10センチ。
抄(す)いて食用にする。

カワハギ 皮剝

カワハギ科の魚。地方名ハゲ，スブタ，
メンボウなど。全長25センチ。腹鰭は
退化してただ1本のとげになっている。
雄では背鰭の第2軟条は糸状にのびる

綱　鱬　狭　若

カワノリ

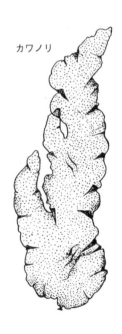

121

ことが多い。皮膚は堅い。本州中部〜東シナ海に分布。美味で，ちり料理は特に喜ばれる。近縁にウマヅラハギがある。

河鱒　　　カワマス

サケ科の魚。体の背面に虫食い状の斑紋と，体側に赤い斑点がある。北米北東部の原産で，日本への卵の移殖は1901年に初めて成功した。山間の冷水域を好み，餌は昆虫，小魚などの小動物。現在養殖はニジマスほど盛んではない。フライ，塩焼などにして美味。

川水雲・川海蘊　　　カワモズク

カワモズク科の淡水産紅藻類。広く世界に分布する。早春から初夏にかけて，湧泉や水流中の杭，枯枝，小石などの上に見られる。カエルの卵のような粘性のある寒天質の糸状体で，たくさんの枝に分かれ，長さ2〜10センチくらい。紫褐色。細い中軸の上に，輪生枝からできている球状の集団が数珠状に連なっている。雌雄同株で，生殖器官は輪生枝の上にできる。三杯酢で和えて食用にする。

岩隠子　　　ガンガゼ

ガンガゼ科のウニ。殻径5〜9センチ。長いとげは紫黒色，ときに白黒の斑があり，殻径の5〜6倍にも達することがある。背部に五つの青い点と俗に眼といわれる黄金色の管状の肛門がある。房総半島以南，インド洋・西太平洋の浅海の岩礁(がんれき)底に普通。とげはもろくて折れやすく，刺されると有毒で激痛を伴う。九州などでは食用。

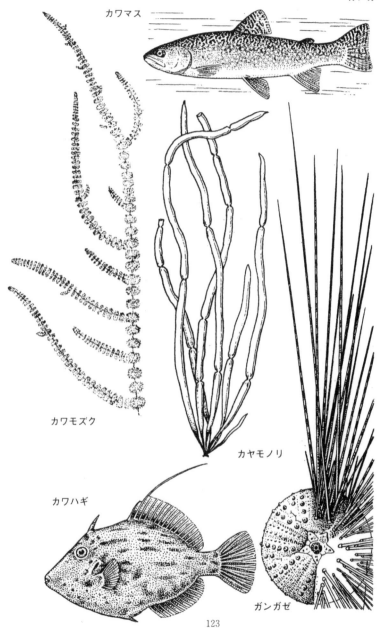

ガンガ

カワマス

カワモズク

カヤモノリ

カワハギ

ガンガゼ

123

雁木鱝　　　　　　　**ガンギエイ**

ガンギエイ科の魚。全長65センチ。背面は暗褐色地に淡色斑紋があり，腹面は一様に暗灰色。青森県～東シナ海に分布し，20～80メートルの深さにすむ。底引網で漁獲され，練製品などに使われる。

間八　　　　　　　　**カンパチ**

アジ科の魚。地方名アカバナ，ネリなど。ブリに似るが，体色が赤紫色を帯び，体高は大きい。全長1.5メートル。東北地方～東シナ海に分布する。最高級魚の一つで，刺身，すしなどに利用。特に大きいものは中毒をおこすばかりでなく，味もさほどよくない。近年は養殖も行なわれている。

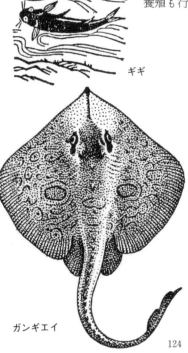

ギギ

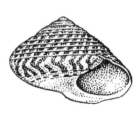

ガンギエイ

キサゴ

ギギ 義義

ギギ科の淡水魚。中部以西の本州と四国の吉野川に分布する。暗褐灰色で口ひげが4対。全長30センチ。胸鰭の部分でギーギーと低い音を出す。煮付，てんぷらなどにして美味。近縁種のギバチは関東以北と九州に分布。ギギと同様に昼間は湖沼や川の岸の近くの岩などに潜み，夜出て採食する。餌は小魚，昆虫など。

キサゴ 細螺・扁螺

ニシキウズガイ科の巻貝。直径2センチくらいで，形はそろばんだまに似る。

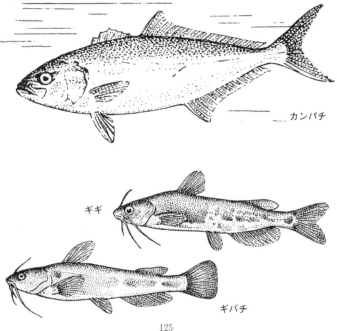

カンパチ

ギギ

ギバチ

キス

キス

ギス

キダイ

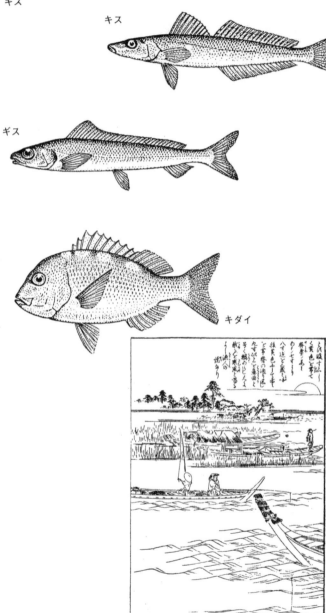

北海道から台湾まで各地に広く分布，
遠浅の砂地の海岸に多い。干潮時には
砂の中にもぐっている。体は白く，足
は広くて，左右に4本ずつひげがある。
触角の先に目がある。春の磯遊びの獲
物の一つで，桃の節供に雛段に供える。
ゆでて，針の先で肉を抜き出して食べ，
殻は貝細工やおはじきに用いられる。
これに似た種類にイボキサゴ，ダンベ
イキサゴがある。

キサゴ

キス

キス科の魚。地方名シロギス，キスゴ，
シラギスなど。全長25センチ。背側は
淡黄灰色。北海道南部以南の日本～中
国に分布。内湾性で沿岸の砂泥底にす
む。釣の対象として人気があり，刺身，
塩焼，てんぷらによい。近縁のアオギ
スはやや大型だが味は劣る。

鱚

キス

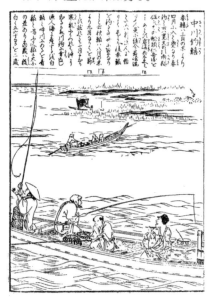

《江戸名所図会》から
中川のキス釣

義須 ギス

ソトイワシ科の海産魚。地方名で，オ
キギス，ダボギスという。北日本と中
部日本の太平洋側の深海に生息する。
口先は長くて突出し，口は下面に開く。
腹鰭が胸鰭よりずっと後方にある。イ
ワシ類に近縁であるが，側線があり，
背鰭の基底が長い。体色は黒っぽいも
のと白っぽいものとある。体長40セン
チ余りに達する。春，産卵する。仙台，
三崎などで延縄(はえなわ)で大量に漁獲
され，かまぼこの原料として有名であ
る。

黄鯛 キダイ

タイ科の魚。地方名レンコ，レンコダ
イ，バンジロなど。全長35センチ。体
色はマダイ，チダイに似るが，黄みを
帯びる。本州中部〜南シナ海に分布し，
ことに東シナ海に多い。瀬戸内海には
産しない。底引網などで漁獲され，マ
ダイの代用品として多く使われる。

喜知次 キチジ

フサカサゴ科の海産魚。メイメイセン，
キンキン，アカジ，アスナロともいう。

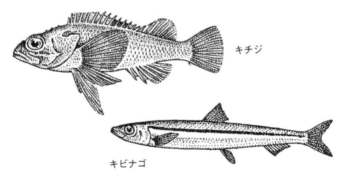

キチジ

キビナゴ

本州中部以北サハリンまで分布し，300
～400メートルの深海に生息。赤色で
第1背鰭に黒紋がある。体長30センチ
になる。北海道や東北地方で多量に漁
獲される。あぶらけが多すぎて，あま
り美味ではないが，惣菜用にする。ま
た，小型のものはかまぼこ，ちくわな
どの原料にする。

キハダ　　　　　　　　　　　黄肌

サバ科の魚。別名キワダ。地方名マシ
ビ，イトシビ，キンヒレなど。小型の
若魚はキメジともいわれる。全長3メ
ートル。世界中の暖海に広く分布する
マグロ類。日本海にはまれ。体側に黄
色みがあるため黄肌の名があるが，鮮
度が落ちるとこの色は消失する。第2
背鰭としり鰭およびそれらの副鰭は淡
黄色。産額が多く，夏，秋に特に美味。
刺身，すし，缶詰などにする。また，
魚肉ソーセージの原料にする。

キビナゴ　　　　　　黍魚子・吉備奈仔

ニシン科の魚。地方名キミナゴ，キミ
イワシなど。全長9センチで細長い。
背側は淡青色，体側に銀白色の縦帯が

キハダ

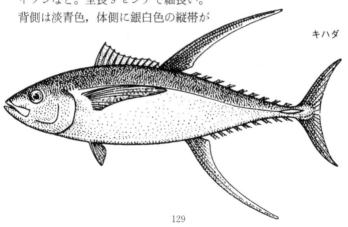

ある。本州中部～熱帯の海に分布。外洋性だが，産卵期には大群をなして海岸に近づく。生食のほか煮干や釣の餌にする。

九線　　　**キュウセン**

ベラ科の魚。地方名ギザミ，雌雄区別して雄をアオベラ，雌をアカベラ，また種々の近似種と混称してベラなどという。全長25センチ。北海道南部～南シナ海に分布。雄は青みが強く，雌は赤みが多い。日本に最も普通のベラ類で，ことに瀬戸内海に多くすんでいる。美味。

胡瓜魚　　　**キュウリウオ**

キュウリウオ科の魚。キュウリのかおりがするためこの名がある。全長20センチ，形はシシャモに似る。北海道以北の北太平洋沿岸に分布し，産卵期(晩春)にのみ淡水に入る。食用。

魚類　ぎょるい

水中にすむ下等な脊椎動物。現生のものは無顎類，軟骨魚類，硬骨魚類に分けられる。無顎類は円口類以外すべて化石種で，魚類に含めないことが多い。化石として知られる最も古いものはオルドビス紀の甲冑(かっちゅう)魚だが，魚類が最初に地球上に現われたのは古生代初期以前といわれる。初め淡水にすみ，デボン紀のころ海にまで広がった。体形や呼吸法は水中生活に適応し，鰓弓(さいきゅう)にささえられた鰓(えら)で呼吸する。運動器官のおもなものは筋肉の多い尾部で，そのほかに陸上脊椎動物の前後肢に対応する胸鰭と腹鰭，

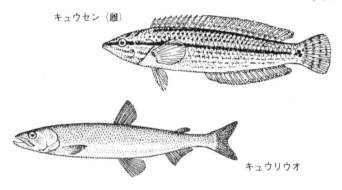

ギヨル

キュウセン（雌）

キュウリウオ

魚類の体の各部の名称

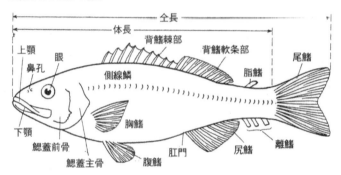

全長

体長

上顎
鼻孔
眼
側線鱗
背鰭棘部
背鰭軟条部
脂鰭
尾鰭
下顎
鰓蓋前骨
胸鰭
鰓蓋主骨
腹鰭
肛門
尻鰭
離鰭

魚類の体制模式図

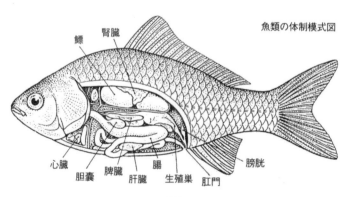

腎臓
鰾
心臓
胆嚢
脾臓
肝臓
生殖巣
腸
肛門
膀胱

さらに正中線上にある背鰭としり鰭が
いずれも支持骨と筋肉を備えて，運動
に役だつ。体表は鱗で保護されている
ものが多く，骨板のものもある。心臓
はハイギョ類以外，1心房1心室。比
重調節などのため鰾（うきぶくろ）をもつ
ものが多く，また特有の感覚器官とし
て側線系が体側や頭部の体表に発達す
る。種類によっては，毒とげ，発光器，
発電器を備えるものもあり，それぞれ
独特の習性を示す。採餌や産卵，水温
の変化などのために回遊するものも多
い。ふつう卵生で体外受精。サメ，エ
イ類と少数の硬骨魚類は体内受精，そ

魚類の代表的な体形

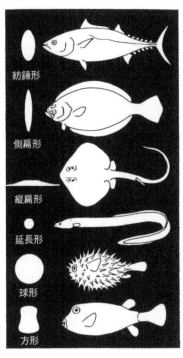

紡錘形

側扁形

縦扁形

延長形

球形

方形

タツノオトシゴ

ハナオコゼ

のうちアブラザメ，アオザメ類，メバル，カサゴ類，グッピーなどは卵胎生である。重要な食用資源で，特に日本ではタンパク質の供給源としての意味は大きい。そのほか，養魚・家畜の飼料用，工業原料，工芸材料，観賞用など利用の範囲はきわめて広い。

キンコ

光参・金海鼠

フジコとも。キンコ科の腔腸動物でナマコの一種。長さ15〜20センチ，長楕円形，灰褐色のものが多い。前端の口のまわりに10本の太い触手があり，枝分れしている。千島列島・サハリン〜東北地方に分布し，古来宮城県金華山

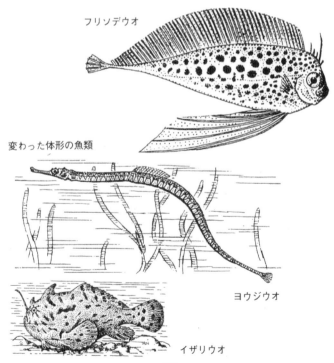

フリソデウオ

変わった体形の魚類

ヨウジウオ

イザリウオ

133

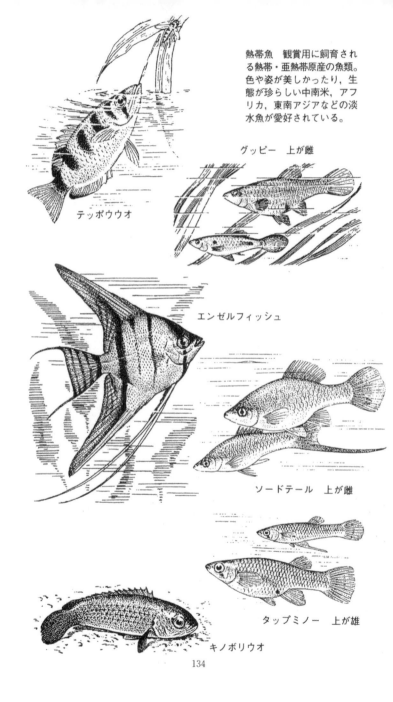

熱帯魚　観賞用に飼育される熱帯・亜熱帯原産の魚類。色や姿が美しかったり、生態が珍しい中南米、アフリカ、東南アジアなどの淡水魚が愛好されている。

テッポウウオ

グッピー　上が雌

エンゼルフィッシュ

ソードテール　上が雌

タップミノー　上が雄

キノボリウオ

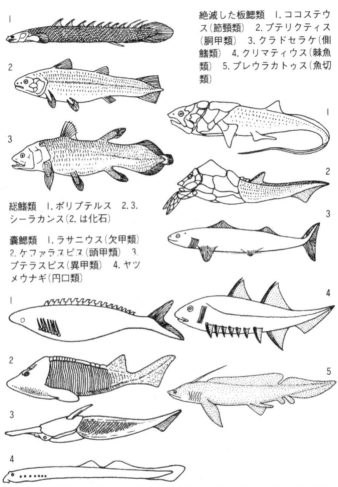

絶滅した板鰓類 1.ココステウス（節頸類）2.プテリクティス（胴甲類）3.クラドセラケ（側鰭類）4.クリマティウス（棘魚類）5.プレウラカトゥス（魚切類）

総鰭類 1.ポリプテルス 2.3.シーラカンス（2.は化石）

嚢鰓類 1.ラサニウス（欠甲類）2.ケファラスピス（頭甲類）3.プテラスピス（異甲類）4.ヤツメウナギ（円口類）

魚偏の魚名漢字 鮭（サケ） 鮎（アユ） 鰉（ヒガイ） 鯖（タカベ） 鱒（マス） 鮟鱇（アンコウ） 鮒（フナ） 鮪（マグロ） 鱮（タナゴ） 鮫（サメ） 鮊（シロウオ） 鱓（ウツボ） 鱭（セイゴ） 魪・鰈（カレイ） 鱸（スズキ） 鯧（マナガツオ） 鮃（ヒラメ） 鱝（エイ） 鮍（カワハギ） 鯊（ハゼ） 鰶・鱅・鮗（コノシロ） 𩸽（ホッケ） 鰩（トビウオ） 鰌（ドジョウ） 鱈（タラ） 鱶（フカ） 鯛（タイ） 鰰・鱩（ハタハタ） 鯈・鱎・鯈・鮠（ハヤ） 鮸・鰋（ニベ） 鰤（ブリ） 鯏・鱥（ウグイ） 鰆（サワラ） 鯖・鯖（サバ） 鰹（カツオ） 鮊（イサザ） 鰮・鰯（イワシ） 鯵・鯇（アジ） 鱚（キス） 鯉（コイ） 鰊・鰊（ニシン） 鱰（シイラ） 鯒・鮲・鯱（コチ） 鮱・鯔（ボラ） 鯰（ナマズ） 鱧・鱵・鱻（ハモ） 鯥（ムツ） 鱛・鱛（エソ） 魴鮄（ホウボウ） 鰻（ウナギ） 鰕（エビ）

135

魚扁の魚名漢字　●印のついた字は国字
読みは135ページ

鮭　鮎　鰊鰊　鱒　鰰　鮫　鰐　魛・鰈　鱸　鯧　鱶　鮍　鱐

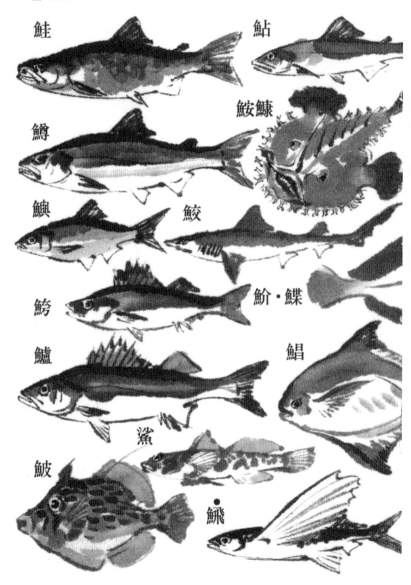

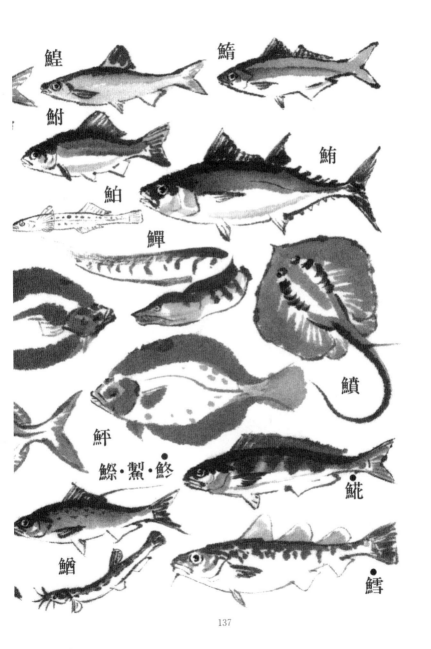

鰉

鰆

鮒

鮪

鮊

鱓

鱏

鮃

鰶・鱅・鮟

鮱

鮄

鰌

鱈

137

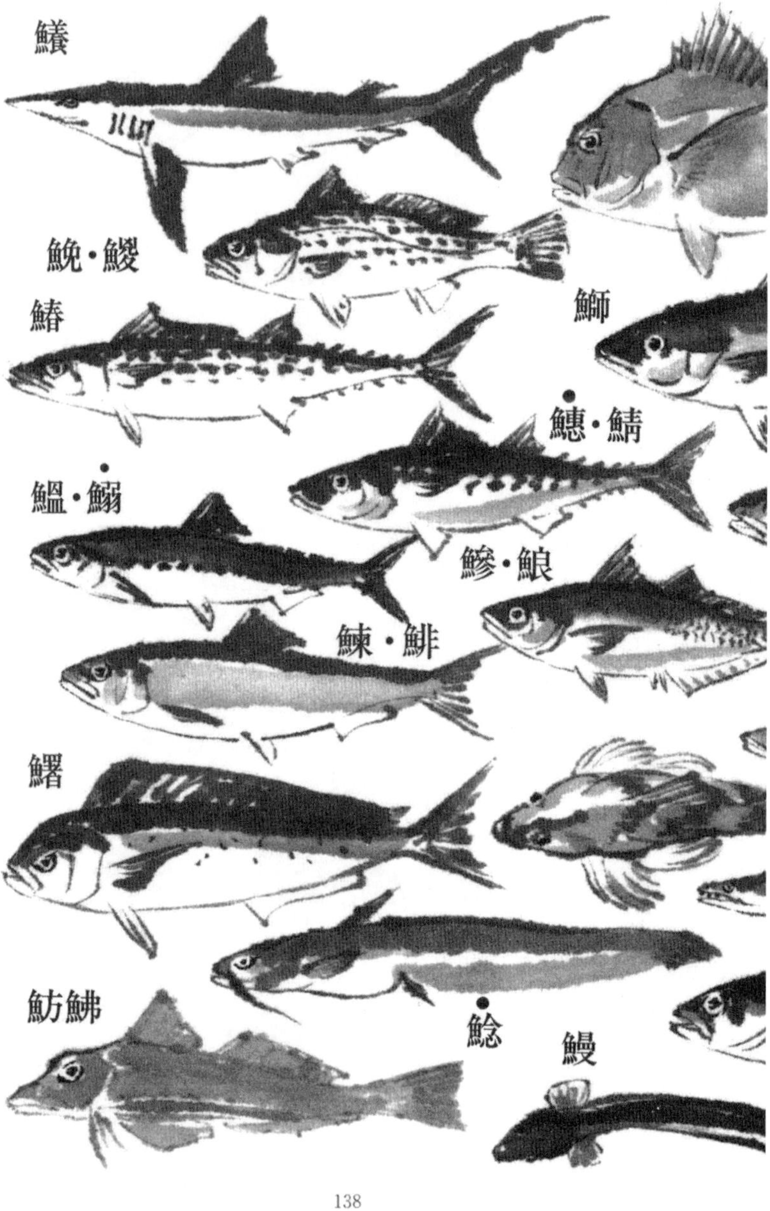
鱶
鮸・鯼
鰆
鰤
鯖
鰮・鰯
鰺
鰊・鯡
鱰
魴鮄
鯰
鰻

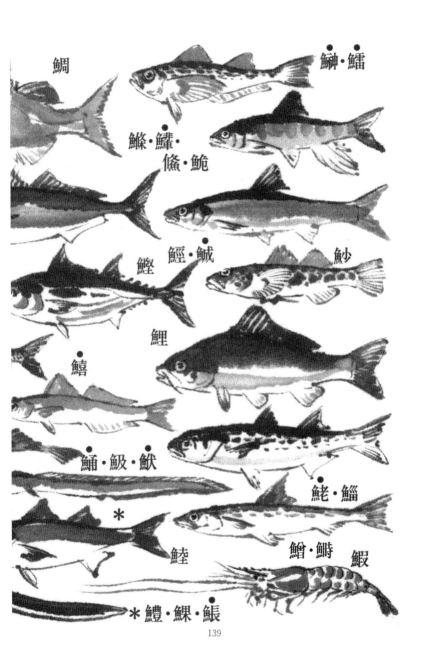

鯛

鰰・鱩

鯎・鱰・
鰷・鮑

鰹　鰹・鰔

鯏　　　鈔

鱚

鯉

鯒・鮫・鰍

＊

鮭・鯔

鱛

鰽・鱒　鰕

＊鱧・鯁・鯰

139

付近の漁場は有名。なまのものを酢で
食べる。また煮て乾燥したものも光参
（きんこ）といい，中国料理の材料とし，
煮物，酢の物に用いる。

銀鮫　　**ギンザメ**

ギンザメ科の海産魚。北海道から九州
の太平洋側のやや深い海に生息。体長
1メートルくらいになる。鰓と鰓裂は
4対あり，鰓孔は1個。雄の前額部と
腹鰭前部に交尾のための把摑（はかく）器
がある。体は銀白色で，体の各側に2
条の褐色の縦帯がある。卵生で，卵殻
は長楕円形で大きく，長さ16〜27セン
チくらいある。かまぼこの原料になる。
近似の種類があり，東北地方では混称
してウサギと呼ぶ。

金時鯛　　**キントキダイ**

キントキダイ科の海産魚。南日本から
台湾，フィリピン，オーストラリア，
ハワイ，東インド諸島，アラビアに分
布している。体長30センチくらいにな

キンコ

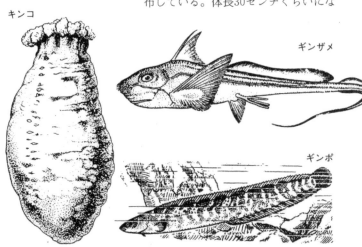

ギンザメ

ギンポ

る。体は赤くて美しい。背鰭，腹鰭，しり鰭の膜に褐色の円点が散在している。前鰓蓋(がい)骨の隅角部に1大棘(きょく)を備える。底引網などで漁獲され，煮付などの食用にするが，あまり美味ではない。

ギンポ　　　　　　　　　　　　　銀宝

ニシキギンポ科の魚。地方名テンキリ，カミソリなど。全長20センチ。サハリン〜九州に分布。潮溜(しおだまり)や干潮線付近の石の間にすむ。一見ドジョウに似るが，体は左右に平たく，背鰭，しり鰭は尾鰭と連続する。東京付近では春にてんぷら種として賞味。

キンメダイ　　　　　　　　　　　金目鯛

キンメダイ科の魚。地方名キンメなど。全長45センチ。体は紅色で目は大きく黄金色。茨城県以南の本州太平洋側に分布。昼間は数百メートルの深さにいるが，夜間は表層に近づく。刺身，煮付などにする。

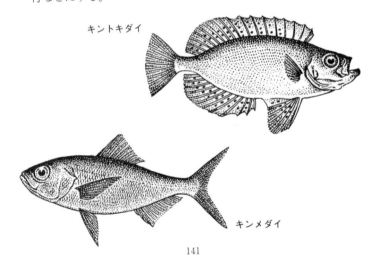

キントキダイ

キンメダイ

ク

クエ

ハタ科の魚。老幼で斑紋が非常に異なり，成魚はマハタと区別しにくい。全長60センチ余。本州中部～華南まで分布し，沿岸性。磯釣の対象魚として人気があり，肉は白く，刺身などにして賞味される。

楔河豚

クサビフグ

マンボウ科の海産魚。北はスカンジナビア半島から南はニュージーランドにわたり，世界中の暖海に生息する。マンボウと比べると，あまり大きくならず，全長80センチを越えない。体は著しく側扁してくさび形をしており，体の表面は六角形の鱗でおおわれている。尾鰭はない。脊椎骨数は18または19個。口の構造は魚類中で最も奇妙で，開いた口は前方から見ると卵形で，その長軸は体軸に垂直である。肉は筋っぽくて，堅い鶏肉を思わせる。市場にはま

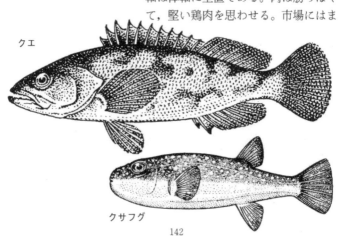

クエ

クサフグ

142

れにしか出ない。稚魚は成魚と非常に異なった形をしていて，昔はマンボウの幼魚かと思われていた。

クサフグ

草河豚

フグ科の海産魚。青森以南の日本の沿岸や，朝鮮半島南部に最も普通に見られる。小型のフグで，体長20センチを越えない。輪郭のきわめてはっきりした小白円点を散在し，皮膚に小さいとげがあるので，ショウサイフグの幼魚やマフグの幼魚から区別できる。砂中にもぐる性質があるので，スナフグと呼ぶ地方もある。5～6月の大潮の前後の満潮時に群れて放卵，放精を行う。毒性がきわめて強い。本種は料理屋で用いられることはほとんどない。肉にも弱毒があるから，多量に食べることは危険である。

クジラ

クジラ

鯨

クジラ目に属する水生の哺乳(ほにゅう)類。普通，体長5メートル以上の大型のものをクジラ，それ以下のものをイルカというが，両者間に分類学的な違

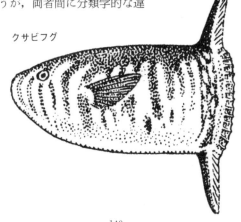

クサビフグ

143

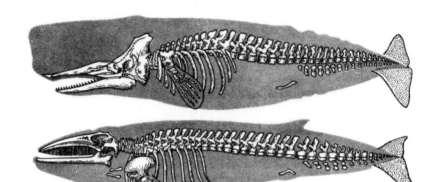

代表的なクジラ類の骨格図
上はマッコウクジラ
下はコイワシクジラ

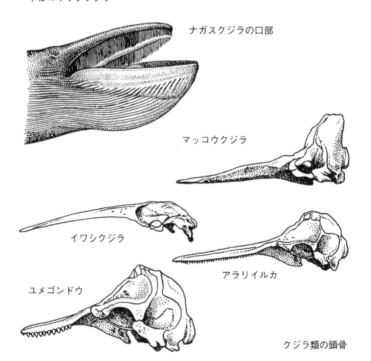

ナガスクジラの口部

マッコウクジラ

イワシクジラ

アラリイルカ

ユメゴンドウ

クジラ類の頭骨

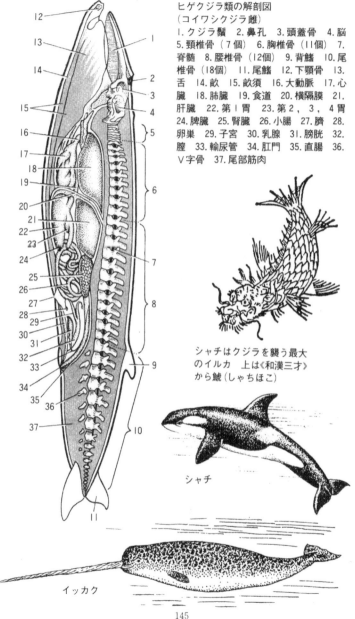

ヒゲクジラ類の解剖図
（コイワシクジラ雌）
1.クジラ鬚　2.鼻孔　3.頭蓋骨　4.脳
5.頸椎骨（7個）　6.胸椎骨（11個）　7.
脊髄　8.腰椎骨（12個）　9.背鰭　10.尾
椎骨（18個）　11.尾鰭　12.下顎骨　13.
舌　14.畝　15.畝須　16.大動脈　17.心
臓　18.肺臓　19.食道　20.横隔膜　21.
肝臓　22.第1胃　23.第2，3，4胃
24.脾臓　25.腎臓　26.小腸　27.臍　28.
卵巣　29.子宮　30.乳腺　31.膀胱　32.
膣　33.輸尿管　34.肛門　35.直腸　36.
V字骨　37.尾部筋肉

シャチはクジラを襲う最大
のイルカ　上は《和漢三才》
から鯱（しゃちほこ）

シャチ

イッカク

145

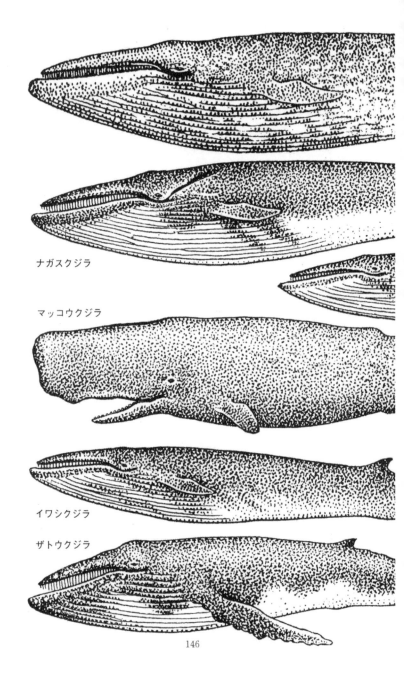

ナガスクジラ

マッコウクジラ

イワシクジラ

ザトウクジラ

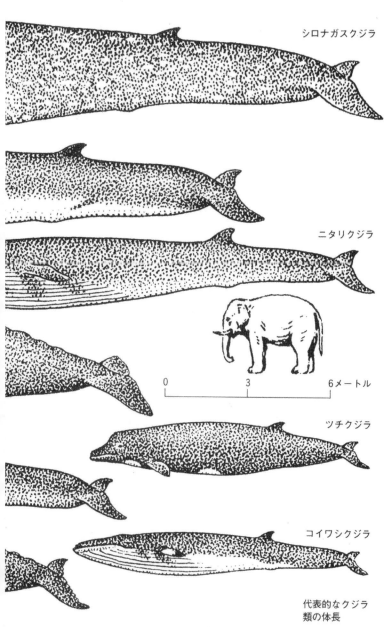

シロナガスクジラ

ニタリクジラ

0   3   6メートル

ツチクジラ

コイワシクジラ

代表的なクジラ
類の体長

147

鯨遠見（くじらとうみ）
山の上の小屋からクジラの
潮吹きを遠眼鏡（望遠鏡）で
さがす

鯨吹気図（くじらきをふくず）

鯨置網（くじらおきあみ）
クジラの下へ網を張って沈
むのを防ぐ　クジラの口中
にヒゲが見える

鯨置網

鯨突船

鯨突船（くじらつきぶね）
右上の吹流しを立てている
船が一番もりをうった

クジラ

いはない。後肢がなく，前肢は鰭(手
羽)状。水平に広がる尾鰭があり，皮
膚は裸出してほとんど体毛がない。胎
生期を除いては一生歯がはえないヒゲ
クジラ類と，歯を備えるハクジラ類と
に大別される。前者には古今を通じ最
大の動物であるシロナガスクジラ(体
長20〜30メートル前後)をはじめ，ナ
ガスクジラ，イワシクジラ，ザトウク
ジラ，コイワシクジラ，セミクジラ，
コククジラなどがあり，後者にはマッ
コウクジラ，アカボウクジラ，ツチク
ジラ，オオギハクジラ，その他イルカ
類が含まれる。肺呼吸をするため普通
5〜15分(1000メートル以上の深海に
もぐるマッコウクジラ，ツチクジラな
どではときに1時間)で水面に浮かび
上がる。湿度の高い，圧縮され，暖め

られた呼気を急に排出するとき，水滴
を生ずるほか，外鼻孔周辺の水も一緒
に吹き飛ばすので，いわゆる「潮吹き」
という現象を呈する。ヒゲクジラ類で
はオキアミ，カラヌスなどの小甲殻類
を主食とするが，イワシ，サバ，ニシ
ン，ホッケなどの魚類も食べる。ハク
ジラ類ではイカ類や魚類を混食するこ
とが多く，シャチ（サカマタ）は性凶暴
でオットセイ，イルカのほか，コクク
ジラなども食べる。出産は暖海で行な
い，大体2年に1子を産む。妊娠期間
は約1年。子は生後6～12ヵ月乳をの
む。大型のクジラ類は捕鯨の対象とな
り，鯨肉は食用，鯨油はマーガリン，
製革用油に，骨や歯は工芸品などに利
用。資源保護などの観点から捕鯨は禁
止されるに至った。

鯨引寄図（くじらひきよせず）
仕止めたクジラに網をかけ
浜の轆轤で引き上げる

グソク

具足鯛

グソクダイ

グソクダイ

イットウダイ科の海産魚。ヨロイダイ，
カネヒラ，ヨロイデ（ヨロイダイの意），
キントキ，アカメ，エビスダイともい
う。本州中部以南，台湾まで分布し，
沿岸のやや深い岩礁に生息する。体長
30センチくらいで，体色は美しい赤色。
鱗の表面にはとげがある。このいかつ
い姿からグソク（具足）やヨロイ（鎧）の
名が付けられたと思われる。焼魚，煮
付として美味なものとされている。堅
い鱗は煮るかまたは焼けば容易にはが
すことができる。

熊蝦

クマエビ

甲殻類クルマエビ科。体長は22センチ
くらい，体色は赤褐～青褐色で，個体
によって変異が多い。胸脚や腹肢は美
しい赤色で，アシアカ，アカアシなど
と呼ばれる。第2触角のひげも赤のだ
んだら模様。東京湾以南，インド洋に
まで分布し，浅海の泥底にすむ。てん
ぷらなどにして賞味。

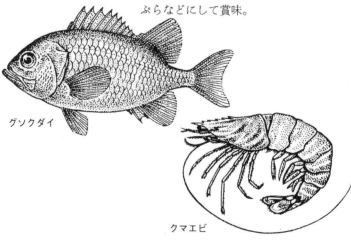

グソクダイ

クマエビ

グルクマ

サバ科の魚。グルクマは沖縄島の方言でグルマーともいう。南日本から沖縄，台湾，中国大陸南部，インド洋まで広く分布。体長35センチに達する。サバに似ているが，鋤(じょ)骨や口蓋骨に歯がなく，鰓耙(さいは)が長くて羽毛状で数多く，第1鰓弓の下枝に35個以上ある。体は側扁し，体高が大きい。生食，塩焼，干物にして賞味。

クルマエビ

甲殻類クルマエビ科。体長25センチくらい。体色は淡褐色。腹部各節に濃紫褐色の横縞(よこじま)があり，尾鰭は青および黄でいろどられる。第1～3胸脚ははさみ状。日本全土～インド洋東部に分布し，水深100メートル以浅の砂泥底にすむ。打瀬網や手繰網で漁獲。1960年になって幼生を大量に飼育する技術が確立され，陸上施設だけで大量に養殖することが可能となった。てんぷら材料として最高。

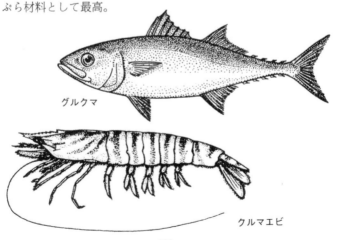

グルクマ

クルマエビ

車鯛　　クルマダイ

キントキダイ科の海産魚。近縁のチカ
メキントキと混称してカゲキヨと呼ぶ
ことがある。体長30センチ余りになる。
体は鮮紅色で，腹鰭の後縁のあたりは
黒い。幼魚には4～5個の広い黒褐色
の横帯があるが，これは成魚では消失
する。鱗が粗雑で大きい。煮付けなど
にして食用とする。

黒曹以　　クロソイ

メバル科の海産魚。クロゾイ，クロス
イ，モハツメ，クロカラ，ワガともい
う。北海道以南，本州，九州，朝鮮の
全沿岸に分布している。体長30センチ
くらいになる。眼前骨の辺縁に，後下
方に向かう鋭い扁平なとげが3個あ
る。体は暗灰色。上顎（がく）後骨の上
半部が黒い。目から後方に斜めの黒色
帯が2条ある。人気の釣魚，美味。

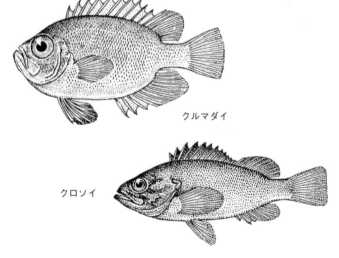

クルマダイ

クロソイ

クロダイ

タイ科の魚。地方名チヌ，チンなど。
関東地方では5～6センチまでをチン
チン，20センチまでをカイズと呼ぶ。
全長40センチ。体は楕円形で側扁し，
暗灰色で腹方は銀灰色。日本，朝鮮，
中国に分布。沿岸性で汽水域にもすむ。
雄から雌へ性転換を行なうので有名。
釣の対象魚として喜ばれ，美味。近縁
種に南日本以南に分布するキチヌ（キ
ビレとも）がある。

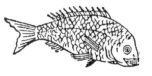

クロダイ

クロノリ

黒海苔

紅藻類に属する海藻。日本海の沿岸か
ら朝鮮半島にかけて分布。満潮線の下
の岩の上に生ずる。アマノリに似た体
は葉状卵形またはササの葉状。紅紫色
で，縁辺のしわはアマノリより少なく，
著しい鋸歯がある。抄(す)いて干し海
苔(のり)，として食用に供する。

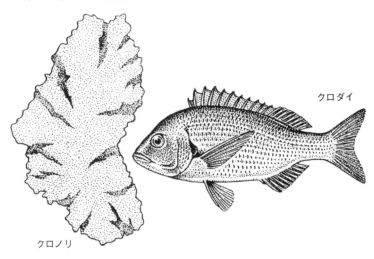

クロダイ

クロノリ

157

ケ

毛蟹　　　　　　　**ケガニ**

甲殻類クリガニ科。甲は長さ10センチ，幅はやや短く，丸みを帯びた四角形。だいだい色の体全面は短い毛でおおわれる。前側縁には5歯。甲面には顆粒（かりゅう）が密生した隆起が約9個ある。外骨格は割合に柔らかい。北洋性。北海道で多く漁獲され，アラスカ，ベーリング，さらに日本海各域〜朝鮮東岸に分布。肉は美味。

源五郎　　　　　　**ゲンゴロウ**

ゲンゴロウ科の甲虫。体長38ミリ内外，背面は緑黒色で黄褐色の縁取りがある。日本全土，朝鮮，中国，台湾に分布。

《水虫魚論丘釣話》から
中央はクロダイ　右は釣針
にかかるダボハゼ

ゲンゴ

ケガニ

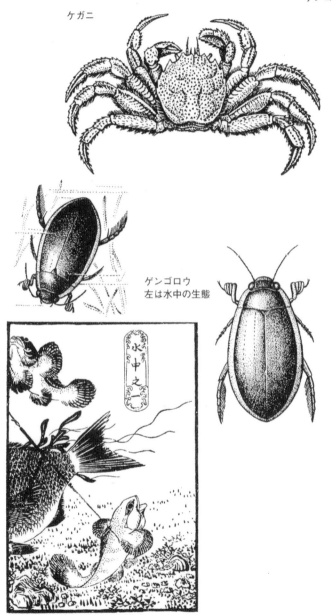

ゲンゴロウ
左は水中の生態

幼虫，成虫ともに池沼，水田などの水中にすみ，小昆虫やオタマジャクシ，動物の屍肉(しにく)などを食べる。成虫は翅と腹背との間にある空気を呼吸，幼虫は腹端の管状の毛を水面に出して呼吸する。中国などで近縁種を食べ，日本でも食用とする地方がある。

源五郎鮒　ゲンゴロウブナ

コイ科の魚。全長40センチになる大型のフナ。体高が高く，銀白色。鰓耙(さいは)の数が著しく多い(106〜120個)のが特徴。琵琶湖，淀川水系の原産といわれるが，現在ほぼ日本全土に移され繁殖している。主として植物を食べ，釣の対象として人気がある。食用。ヘラブナは本亜種を人工的に飼育したもので，放流用や養殖用の種苗とする。

剣先烏賊　ケンサキイカ

頭足類ヤリイカ科。体長約35センチ，腕を含めると50センチ。ヤリイカに似るが，それほど細長くならない。本州中部〜九州に多く，長崎県五島が主産地のためゴトウイカの別名がある。肉は美味。産額はあまり多くない。

コ

鯉　コイ

コイ

コイ科の魚。ユーラシア大陸温帯部に広く分布し，北米などでは移殖されたものが野生化している。体長80センチ，フナに似るが口ひげがある。野生種(マゴイ)は体高が小さく体幅が大きく，背は緑褐色，体側は黄金色を帯びる。

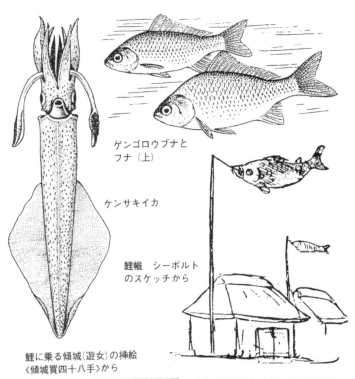

ゲンゴロウブナと
フナ（上）

ケンサキイカ

鯉幟　シーボルト
のスケッチから

鯉に乗る傾城（遊女）の挿絵
《傾城買四十八手》から

飯入（えり）
湖沼や浅海で竹などで簀を
つくりコイやフナをとる漁
上から滋賀県の飯　愛媛県
の八重簀　茨城県の簀建

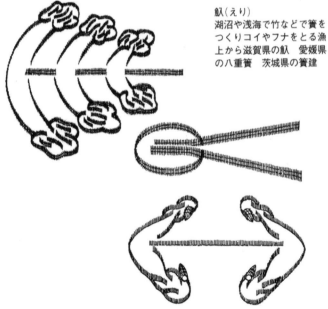

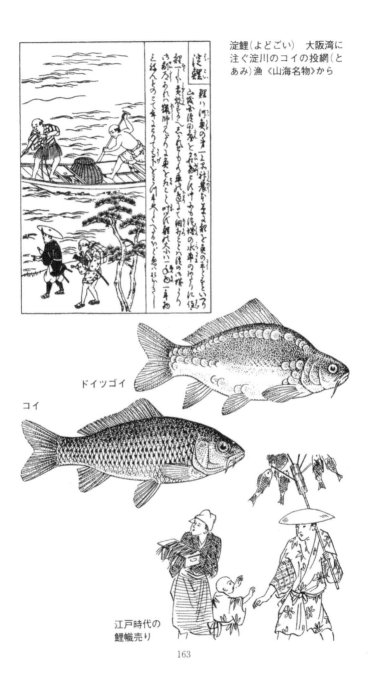

淀鯉（よどごい）　大阪湾に注ぐ淀川のコイの投網（とあみ）漁《山海名物》から

淀鯉

鯉ハ河水の其一上々汁薬か年々都と奥の平々をいうよいに岐阜後の鮒とも鯉とくくる
血気本後の鮒とそも餓のわられ候親一々に麦れる。これ小す小や沒煉の水争の勝つ
り都ケ々かれよ獗師ひろう魚とこくけい都代太小一曜の二年お
と枝人よろっそて年あらてもり一でよく〳〵ゝ晒ゝゝゝ

ドイツゴイ

コイ

江戸時代の
鯉幟売り

163

池や沼，流れのゆるやかな川の下流などにすみ，雑食性。淡水魚中，最も重要な食用魚の一つで，養殖も盛んで，鯉こく，洗い，中国料理に喜ばれる。観賞用のニシキゴイ(錦鯉)はイロゴイ，ハナゴイなどともいわれ，マゴイの突然変異種を基調として，新潟県山古志地方で育種改良されたもの。おもな品種に赤白・大正三色・昭和三色・浅黄系などがある。ドイツゴイは鱗の退化したもので，肉が多く，成長が早い。

甲烏賊　コウイカ

頭足類コウイカ目。マイカ，スミイカとも。体長20センチ。雄の外套(がいとう)背面には暗褐色の横縞(よこじま)がはしり，雌には斑紋はない。外套膜の内部の背側に舟形をした石灰質の貝殻(甲)があり，後端が外套膜の後からとび出している。本州中部以南に分布。おもに内湾にすみ，春，海底の沈木や海藻に砂でまぶした卵を産む。西アフ

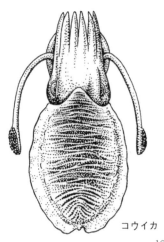

コウイカ

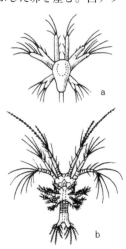

a

b

リカ，ニュージーランドからも輸入。
肉が厚く，刺身，するめなどにする。

甲殻類　こうかくるい

節足動物の一綱。体が多数の体節から
できていることは他の節足動物と共通
だが，石灰質を含んだ外骨格をもつこ
と，大部分のものが終生水中で生活し，
呼吸は鰓(えら)または体の表面で行な
うことが特徴である。付属肢は本来二
叉型。感覚器官として原始的なものは
ノープリウス眼，一般に1対の複眼を
もつ。化学物質に対する感覚や触覚は
触毛がこれに当たり，聴覚器官はない。
すべて卵生で，変態を経て成体になる。
鰓脚(さいきゃく)類(ホウネンエビなど)，
貝虫類(ウミホタル)，橈脚(じょうきゃ
く)類(ケンミジンコ)，蔓脚(まんきゃく)
類(フジツボ，カメノテ)のほか，アミ
目，等脚目(フナムシ)，十脚目(エビ，
カニ)，口脚目(シャコ)等を含む軟甲
類などがある。

甲殻類(クルマエビ)の変態
a. 生まれてすぐのノープリ
ウス　b. ゾエア　c. ミシス
d. やや若いクルマエビ

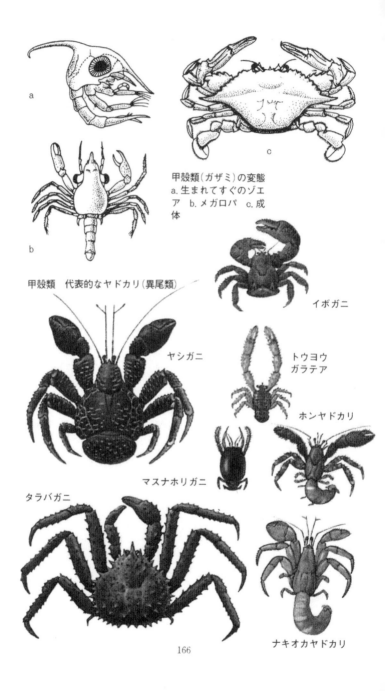

甲殻類（ガザミ）の変態
a. 生まれてすぐのゾエア　b. メガロパ　c. 成体

甲殻類　代表的なヤドカリ（異尾類）

ヤシガニ

イボガニ

トウヨウ
ガラテア

ホンヤドカリ

マスナホリガニ

タラバガニ

ナキオカヤドカリ

サワガニ

クロベンケイガニ

ベンケイガニ

ハマガニ

甲殻類　代表的なカニ（短尾類）

アカテガニ

スナガニ

ヤマトオサガニ

コメツキガニ

メナガオサガニ

イワガニ

ショウジンガニ

モクズガニ

アシハラガニ

チゴガニ

シオマネキ

オサガニ

イソガニ

ヒライソガニ

イソクズガニ

オウギガニ

ケブカオオギガニ

トゲアシガニ

オキナガレガニ

サメハダオウギガニ

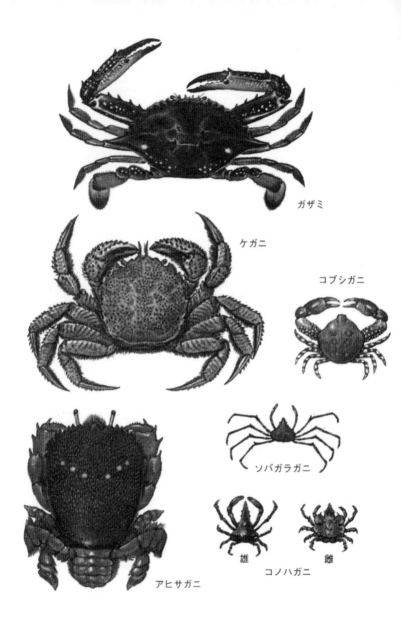

ガザミ

ケガニ

コブシガニ

ソバガラガニ

雄　　　　　雌
コノハガニ

アヒサガニ

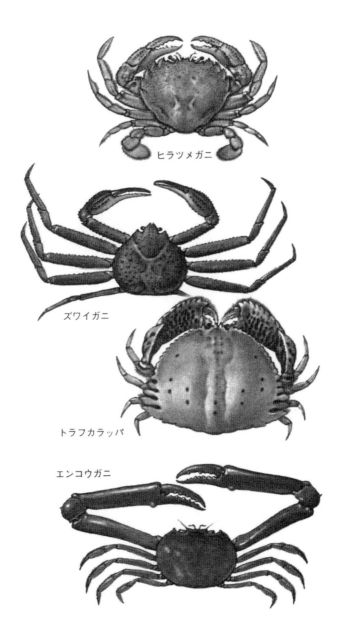

ヒラツメガニ

ズワイガニ

トラフカラッパ

エンコウガニ

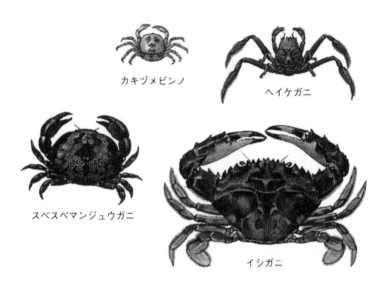

カキヅメピンノ

ヘイケガニ

スベスベマンジュウガニ

イシガニ

甲殻類　代表的なエビ（長尾類）

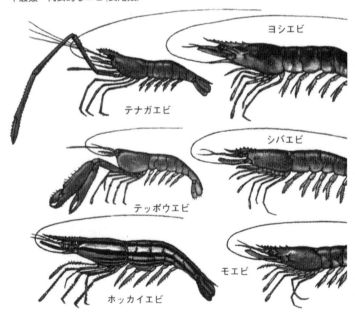

テナガエビ

ヨシエビ

テッポウエビ

シバエビ

ホッカイエビ

モエビ

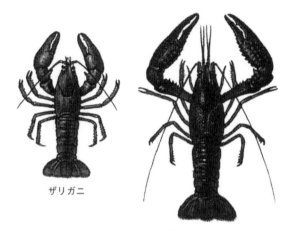

ザリガニ

アメリカザリガニ

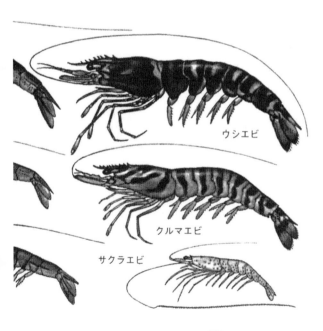

ウシエビ

クルマエビ

サクラエビ

173

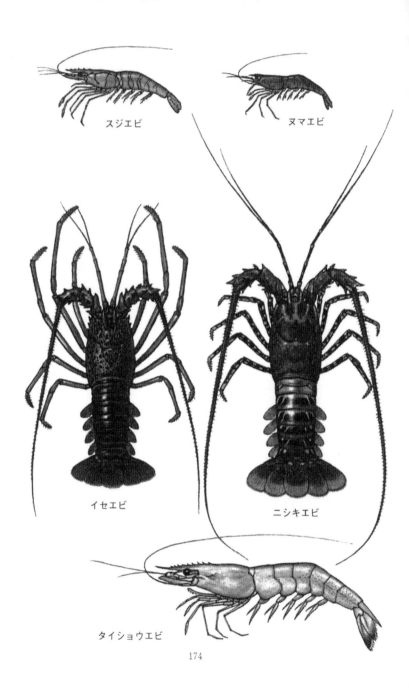

スジエビ

ヌマエビ

イセエビ

ニシキエビ

タイショウエビ

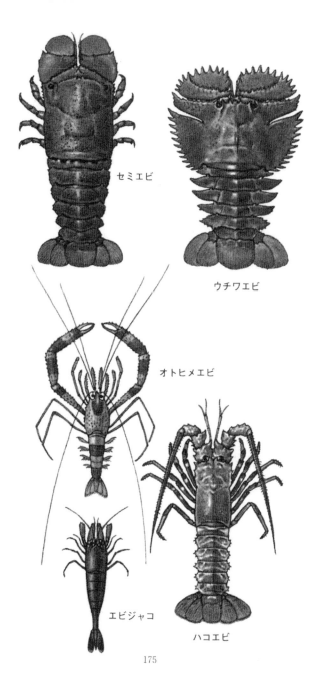

セミエビ

ウチワエビ

オトヒメエビ

エビジャコ

ハコエビ

175

荒神目抜　　　　コウジンメヌケ

メバル科の海産魚。オオサガ，マエブ
カ，キンキンともいう。全長50センチ
くらいになる。北海道南東岸の沖合の
深海に生息，多量に漁獲される。肉は
やや柔らかであるが，肉量が多く，惣
菜用として重要，焼魚，煮魚にする。
肝油はビタミンAを多量に含み，かつ
ては輸出用のビタミンA原油として重
要であった。本種にたいへんよく似て
いるサンコウメヌケはマメヌケとも呼
ばれ，肉の分留（ぶどま）りがよいので喜
ばれる。

胡椒鯛　　　　　コショウダイ

イサキ科の魚。地方名コロダイ，コタ
イなど。体は淡灰褐色で体側に3本の
紫灰色のしまが斜めに走る。全長50セ
ンチ。本州中部～東南アジアに分布し，
近海の岩礁にすむ。美味。近縁種にコ
ロダイ（地方名シマカイグレ，キョウ
モドリなど），アジアコショウダイな
どがあり，いずれも食用魚。

鯒・鮲・牛尾魚　　コチ

コチ

コチ科の魚。別名マゴチ，ホンゴチ。
全長50センチ余。体は縦扁し，頭は特
に平たい。体色は淡褐色で，黒褐色の
斑点が散在。本州中部～東南アジアに
分布し，近海の砂泥底にすむ。肉量が
多く，東京などでは夏に洗いとして賞
味される。味噌汁も美味。

琴引　　　　　　コトヒキ

シマイサキ科の海産魚。スミシロ，タ
ルコ，ヤガタイサキともいう。本州中
部以南，インド洋，太平洋の熱帯部に

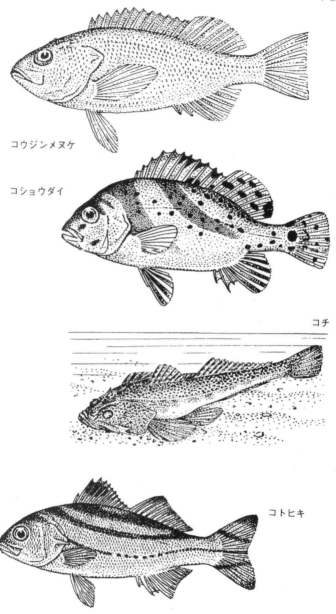

コトヒ

コウジンメヌケ

コショウダイ

コチ

コトヒキ

コノシ

分布し，河口付近に多く，稚魚期には多少川を遡（さかのぼ）る。体長30センチで，シマイサキと同様に音を発する。体色は淡青褐色で3本の黒色帯のある腹側は銀白色である。肉は美味で，刺身，塩焼などで賞味。

鰶・鮗

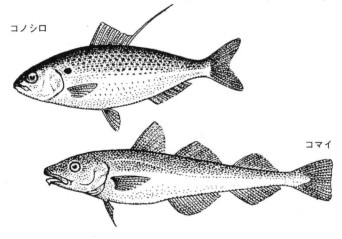

コノシロ

コノシロ

ニシン科の魚。地方名ツナシ，マハダなど。東京では12センチぐらいまでの若魚をコハダという。全長25センチ。背面は暗青色で，肩部に大きな黒斑があり，背鰭の後部が糸状にのびている。胃は砂嚢状。本州中部〜東南アジアに分布し，内湾性で小型のプランクトンを食べる。塩焼，すし，粟（あわ）漬などにされ，小骨が多いが美味。

小判鮫

コバンザメ

コバンザメ科の魚で，別名はコバンイタダキ。近縁種のシロコバン，クロコバン，ヒナコバンなどと混称されてコバンウオ，フナスイツキ，スイツキ，

コノシロ

コマイ

178

ソロバンウオなどとも。全長80センチ。体は青灰色で，体側に幅広い暗色の縦縞が走る。頭頂の背鰭の変化した吸盤で，サメやカジキ類などの大型魚，ウミガメ，船底などに吸着していることも多い。世界中の暖海に分布。あまり美味とはいえないが，食用にすることもある。

コブダイ 瘤鯛

ベラ科の魚。別名カンダイ。地方名モムシ，モブシ，モグチなど。全長60センチ。赤紫色で雄は成長につれ額がこぶ状に突出する。本州中部〜東シナ海に分布し，食用。

コマイ 氷魚・氷下魚

タラ科の魚。タラに似るが小さく，全長30センチ。背面は褐灰色で不規則な斑紋がある。日本海と北太平洋に分布。根室・厚岸地方では冬季，氷を割って，その穴から釣る。あまり美味ではなく，練製品の原料にする。

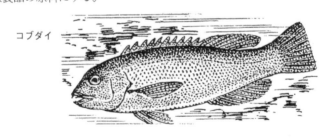

コブダイ

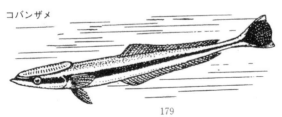

コバンザメ

――醬蝦

コマセアミ

アミ科の甲殻類。イイジマアミともいう。6～7月ごろに日本の太平洋岸の館山湾，相模湾，駿河湾で多く採れる。体長は7～8ミリくらいで，淡褐色で透明。顎のひげの特徴と尾節の後縁に切込みがないことで近似種と区別される。触角の毛が雄は雌より2倍以上長い。佃(つくだ)煮や，アジ釣・棒受網の撒餌(まきえ)に利用する。

鮴・石伏魚

ゴリ

一般にハゼ類の俗称。琵琶湖，淀川水系ではヨシノボリ，高知，和歌山ではチチブ，金沢ではカジカをいう。特に金沢のゴリ料理は名高く，から揚げ，あめ煮，ゴリ汁などにして賞味される。

権瑞

ゴンズイ

ゴンズイ科の魚。地方名ウミギギ，グ

ゴリ

グなど。全長25センチ。ナマズに似るが、口ひげは8本。体は暗褐色で体側に2本の縦縞(たてじま)が走る。本州中部以南〜インド洋、紅海に分布し、岸近くの岩礁の間にすむ。第1背鰭と胸鰭に1個ずつの毒とげがあり、これに刺されると激痛を覚える。幼魚は群をなして行動し、水族館では人気者である。あまり美味ではない。

コンブ

昆布

褐藻類コンブ科コンブ属およびそれに近縁な海藻の総称。代表的な種類にマコンブ、ミツイシコンブなどがあり、いずれも寒流の影響の強い北海道や東北地方の海岸に分布し、おもに干潮線以下の岩上にはえる。体はささの葉状のものが多く、長さは1〜数メートル。ナガコンブのように約20メートルに達

コンブ

加茂川鯎捕(かもがわごりとり)　加茂(加茂・鴨)川は京都市を貫流し桂川に合流《山海名産》から

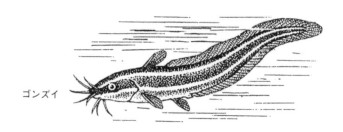

ゴンズイ

ミツイシコンブ

コマセアミ

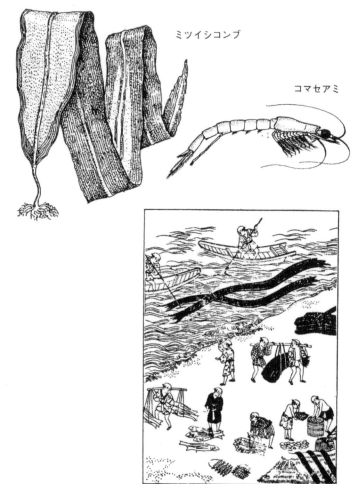

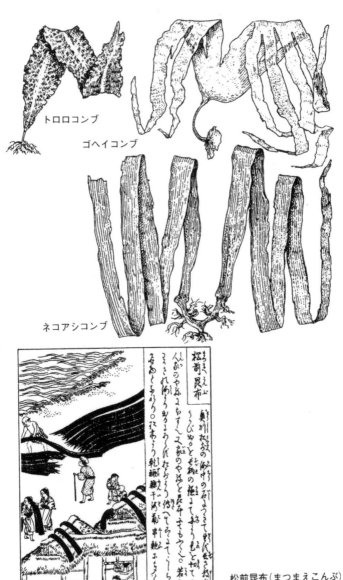

トロロコンブ

ゴヘイコンブ

ネコアシコンブ

松前昆布（まつまえこんぶ）
鎌で刈りとったコンブを浜
や屋根上に干す《日本山海
名物図会》から

するものもある。独特のうま味(グルタミン酸が主体)をもち、吸物・煮物のだしとして日本料理には不可欠とされる。おでん、佃(つくだ)煮、こぶ巻等に使用されるほか、甘酢でやわらげた酢こんぶ、薄く削ったとろろこんぶ、湯を入れて飲むこぶ茶等が作られている。

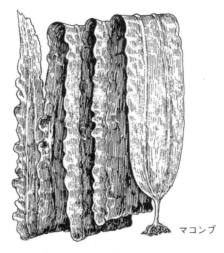

マコンブ

サ行

サ

坂田鮫　　　　　　　サカタザメ

サカタザメ科の魚。地方名トウバ，サ
カタ，スキ，スキノサキ，カイメなど。
エイの一種で，全長1メートル。背面
は灰褐～褐色。本州中部以南，フィリ
ピン～アラビアに分布。本州南部では
かなりの漁獲がある。刺身，煮魚，か
まぼこの原料とする。

桜蝦　　　　　　　　サクラエビ

甲殻類サクラエビ科。体長5センチく
らい。甲殻は柔らかい。額角は小さく，
第2・3胸脚ははさみ状。第2触角は
非常に長く，3分の1ほどのところで
折れ曲がり，その先には軟毛を生じる。
体は透明で淡紅色，赤色の斑紋が散在
する。体表に150個ほどの発光器をも
ち，弱い緑黄色の光を放つ。やや深海
性で河川の影響を受ける泥底質の水域
を好み，駿河湾富士川河口付近が産地
として知られる。干しエビとして食用。

桜鯛　　　　　　　　サクラダイ

ハタ科の魚。体長雄13センチ，雌10セ
ンチ。背鰭の第3棘(きょく)は雄では糸
状にのびる。雌雄により体色が異なり，
雄は鮮紅色，体側に白色の斑紋と細い
縦帯がある。雌は赤黄色，背鰭に黒褐
色の斑紋が1個。千葉～長崎，朝鮮の
沿岸に分布する。食用になるが，美味
ではない。また瀬戸内海沿岸などでサ
クラの咲くころとれるマダイをいうこ
ともある。

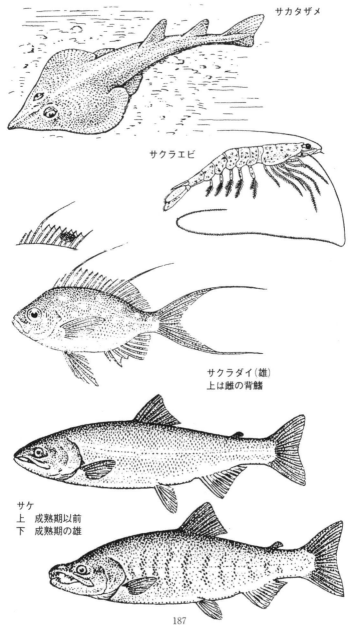

サクラ
サカタザメ

サクラエビ

サクラダイ（雄）
上は雌の背鰭

サケ
上　成熟期以前
下　成熟期の雄

187

鮭

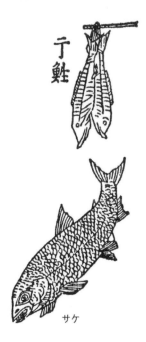

サケ

サケ

サケ科の魚類中の一群の総称，またそ
のうちの一種をいう。後者は地方名シ
ャケ，アキアジ，シロザケ，トキシラ
ズなど。全長1メートル，脂鰭をもち，
背面は青灰色，腹面は銀白色。産卵期
には紅色の斑紋を生じる。またこの時
期，雄の吻（ふん）は突出して曲がるた
め「鼻曲り」と呼ばれる。日本海と北太
平洋に分布し，これらに注ぐ川に産卵
のため遡（さかのぼ）る。日本における遡
上（そじょう）記録の南限は太平洋側では
利根川，日本海側では福岡県中川であ
る。稚魚は相模湾にも出現する。産卵
期は9〜1月。雌は砂礫（されき）底に穴
を掘って産卵し，砂礫で上をおおう。
ニジマスなどと違って産卵後の親は死
ぬ。孵化（ふか）した稚魚は春，川を下
って海に入り，2〜5年で成魚となっ
て川を遡る。鮮魚として食用にするが，
最も普通には，新巻（あらまき），塩ザケ，
冷凍魚，缶詰，燻製（くんせい）などにす

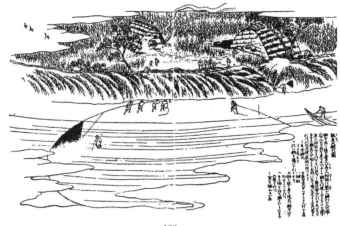

る。卵は塩漬して筋子やイクラとして
珍重される。産卵には，生まれ故郷の
川を遡るので，人工的に採卵，孵化，
放流することにより，資源の減少をか
なり防ぐことが可能になった。近縁種
のベニザケ（ベニジャケ，ベニマスと
も）は，より北方型で，遡河の南限は，
千島列島の択捉（えとろふ）島（まれには
北海道中部）で，缶詰，燻製などにさ
れる。全長90センチ。この陸封型がヒ
メマスである。マスノスケは北海道以
北に分布し，サケ属中最大で全長2メ
ートル近くになる。米国ではキングサ
ーモンといって賞味されるが，日本で
の漁獲量は少ない。

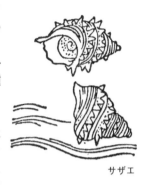

サザエ

リュウテンサザエ科の巻貝。高さ10セン
チ，幅8センチ。殻表の2列の強い
とげが特徴だが，瀬戸内海など内海に
すむものはとげを欠くことが多い。足
は褐色を帯び，中央の溝で左右に分か
れ，交互に動かしてはう。ふたは石灰

栄螺

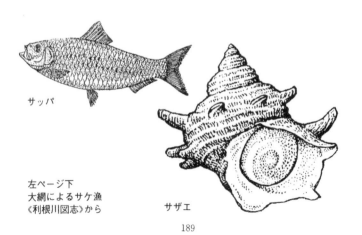

サッパ

サザエ

左ページ下
大網によるサケ漁
《利根川図志》から

189

質で厚い。潮間帯下の岩磯にすみ，夜活動してアラメなど褐藻類を食べるが，これのみだと殻色は白っぽくなり，石灰藻をとると黒みを帯びる。北海道南部〜九州に分布。つぼ焼などにして食用，殻は貝細工に使う。

——虫 ザザムシ

長野県伊那地方の方言で流水中にすむ昆虫の幼虫の総称。カワゲラ，カゲロウ，トビケラなどの幼虫をさし，時にはヘビトンボなどの幼虫も含めることもある。冬季にこれらを捕え，佃(つくだ)煮として賞味。近年は東京などへも出荷されるようになった。

鰯・拶双魚 サッパ

ニシン科の魚。地方名ハラカタ，ママカリ，ハダラなど。全長15センチ。コノシロに似るが，背鰭は長くは伸びない。背面は青緑色。北海道以南〜フィリピンに分布し，沿岸や内湾に多い。小骨は多いが，付焼にしたり二杯酢で食べ，特にその酢漬は岡山県など瀬戸内海岸では飯借(ままかり)と呼ばれて賞味される。

座頭鯨 ザトウクジラ

クジラ目ナガスクジラ科。ヒゲクジラの一種で，体長は普通12メートル，最大で19メートルくらい。胸鰭は長く，背面は黒色で，腹面は白い。世界の海洋に分布し，オキアミなど浮遊性の小甲殻類を食べる。暖海に回遊して1子を産み，妊娠期間は約11ヵ月。

鯖 サバ

サバ科の魚。日本近海にはマサバ(別

サバ

カワゲラ

ザザムシは種々の川虫の幼虫の混称

ニンギョウトビケラ
の幼虫とその巣

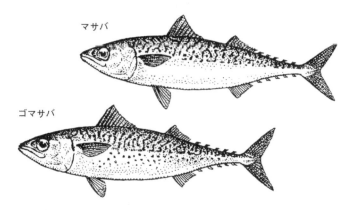

マサバ

ゴマサバ

ザトウクジラ

サバフ

サバ

名ヒラサバ，ホンサバ），ゴマサバ（別名マルサバ）の2種を産する。両種とも体長40センチ以上，体は太く紡錘形。背面は緑色地に青黒色の波状紋があり，腹面は銀白色。ゴマサバは腹面に不規則な小黒点が密に分布すること，また背鰭のとげや鱗の数などでマサバと区別される。マサバは樺太以南，日本各地～中国に分布し，ゴマサバは前者より暖水を好み，本州中部以南～台湾に分布する。いずれも表層回遊魚で，主として小魚，大型プランクトンを食べる。日本の水産統計ではこの2種を区別しないことが多いが，マサバの占める割合が大きい。巻網，揚繰（あぐり）網，刺網，棒受網，一本釣，はね釣（集魚灯と撒餌を用いる釣漁法）などでとる。地方によっては刺身にもするが，普通

鯖鉤（釣）舟（さばつりぶね）
篝火（かがりび）を焚きサバ
を釣る《山海名産》から

はじめサバ，煮付，塩焼，干物，缶詰
などにする。

サバフグ

フグ科の魚。地方名キンフグ，ギンフ
グ，カナトフグなど。全長35センチ。
背面は灰青色，腹面は銀白色。福島・
山形以南〜台湾あたりに分布。無毒で
あるが，味が別属のトラフグなどには
及ばないが，干物の原料に用いられる。
別種の有毒フグをサバフグと称する地
方があり，また熱帯の海にすむ近縁種
のドクサバフグには肉にも猛毒がある
ので注意が必要。

サメ

フカとも。板鰓(ばんさい)亜綱のうちサ
メ目に属する軟骨魚類をいう。5〜7
対の鰓孔のうち少なくとも一部は体の
側方にあること，胸鰭が変形せず体側

鯖河豚

鮫

サメ

舟る釣り 鯖る

サヨリ

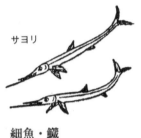

サヨリ

細魚・鱵

との間に明瞭な境界があること，よく発達した背鰭をもつことなどでエイ類と区別される。手のひらに収まるくらいのものから，全長18メートルに及ぶジンベイザメまで，大きさや形はさまざまである。浅海にすむもの，深海にすむもの，沖合の表層を遊泳するものなど生息場所も多様。魚類，浮遊性甲殻類，イカなどを食べるものが多い。日本では，肉がかまぼこやはんぺんなどの原料とされ，中国では鰭を干したものが料理に広く用いられる。

サヨリ

サヨリ科の魚。地方名ヨド，スズ，クスビなど。トビウオに近縁。全長40センチ。下顎が非常に長く，先端はだいだい色をなすのが特徴。北海道〜中国

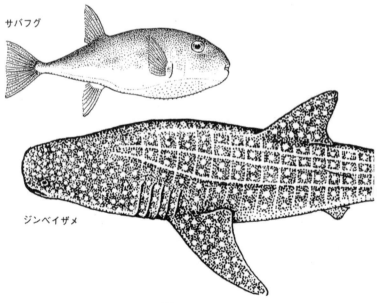

サバフグ

ジンベイザメ

大陸東岸を経て台湾に分布する。沿岸
性でしばしば汽水域にも入り，小群を
なして表層を泳ぐ。晩春に粘着性の卵
を産む。すし種，刺身，吸物などにさ
れる。近縁種のクルメサヨリ（全長20
センチ）は純淡水域にもすむ。

サラサバテイラ　　　　　　　　　　　**更紗馬蹄螺**

タカセガイとも。ニシキウズガイ科の
巻貝。高さ10センチ，幅12.5センチ。
殻表は白く，普通，緑褐〜紅褐色の斑
紋がある円錐形。成貝では体層が広が
ることがある。紀伊半島以南の太平洋，
インド洋，西太平洋に分布するが，特
にオーストラリア北部，ポリネシア，
フィリピン等に多く，潮間帯下の岩磯
にすむ。食用にし，殻はみがいて飾物
や貝細工，ボタンの材料にする。

オンデンザメ

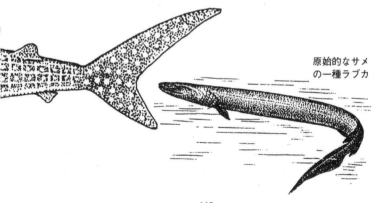

原始的なサメ
の一種ラブカ

ザリガ

鱶（ふか）

鰐（わに）

古くはサメ，フカ，ワニの
明確な区別はされなかった

サヨリ

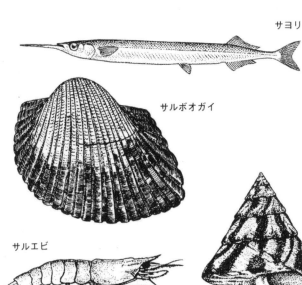

サルボオガイ

サルエビ

サラサバテイラ

ザリガニ

甲殻類アメリカザリガニ科。日本固有
種で東北地方から北海道の河川に産す
る。甲殻は堅くて厚く，額角は短く，
横扁し，背面からみると幅の広い剣先
状をなす。第1～3胸脚ははさみ状で，
第1胸脚は特に強大。色は暗青色，体
長は9.5センチくらい。食用にもなる。
ザリガニの名は，腹部ではねて後退す
る(後方に去る)習性による。アメリカ
ザリガニをザリガニということもある。

サルエビ

甲殻類クルマエビ科。体色は灰青～灰
褐色で，体長は雌12センチ，雄10セン
チくらい。額角は雌では先端がやや上
向き，雄ではまっすぐで，上縁に6～
8個のとげを生ずる。甲殻はやや堅く，
全面に粗毛を生じている。尾節は背面
に溝があり，両側縁に3対の小さいと

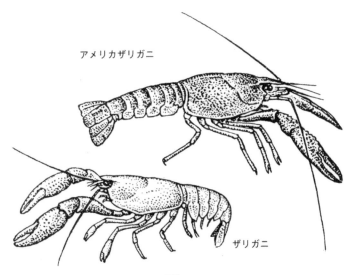

アメリカザリガニ

ザリガニ

げをもつ。本州以南，水深100メートル以浅の沿岸に多く，内湾性。料理用，釣餌として重要である。

猿頬貝 サルボオガイ

モガイとも。フネガイ科の二枚貝。高さ5.5センチ，長さ7センチ，幅5センチ。両殻の合わさった様子がサルの頬(ほお)に似ているのでこの名がある。殻は白く，殻表の肋(ろく)は30〜34本で黒褐色の毛がはえる。内面は白く，かみ合せに多くの歯がある。産卵期は7〜9月。肉は赤い。東京湾，瀬戸内海，有明海に多く，島根県中海などでは採苗して稚貝を移出している。朝鮮半島や中国北部沿岸にもすむ。むき身にして食用とし，また佃(つくだ)煮，缶詰にする。

沢蟹 サワガニ

甲殻類サワガニ科。日本に産するただ一種の純淡水産のカニで，甲長2センチ，甲幅2.5センチくらい。甲は前方に広がり，甲面は平滑で，はさみは多くの場合右が大きい。青・褐・赤色等環境により変異が多い。本州以南〜台湾，山東半島に分布し，渓流や水のき

サワガニ

れいな小川などにすむ。卵の中で幼生期を過ごし，孵化（ふか）してもなお雌の腹部に抱かれている。熱帯地方に近縁種が多い。から揚げなどにして殻ごと食べる。

サワラ

サバ科の魚。若魚をサゴチまたはサゴシといい，成魚はサアラともいう。全長1メートル。体は側扁し，背面には青褐色の斑紋が散在。日本～東シナ海，オーストラリアに分布。冬～春に多く漁獲され，冬季は寒ザワラとして喜ばれる。刺身，照焼などにして美味。近縁種のヒラサワラ，ホシサワラなども美味。ただし，遠洋でとれるオキザワラ（カマスサワラとも）は全長2メートルにもなるが，味は劣る。

鰆

サワラ

秋刀魚

サンマ

サンマ科の魚。地方名サイラ，サイレ，サヨリ，バンジョ，セイラなど。体は側扁して細長く，全長40センチ。背鰭は体の後部にあり，背面は青黒色，腹面は銀白色。北太平洋，日本海に広く分布し，南限は沖縄。表層性の回遊魚だが産卵の時など湾内に入ることもあ

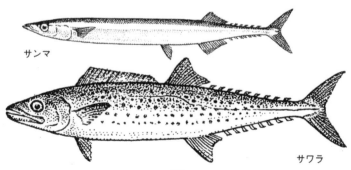

サンマ

サワラ

網　流　鱰

る。日本では漁業上重要な魚種の一つ
で，第二次大戦後，棒受網の使用によ
って水揚額が激増した。塩焼は美味。
缶詰，干物，マグロの釣餌など用途が
広い。

シ

鱰

シイラ

シイラ

シイラ科の魚。地方名トオヤク，マン
ビキ，マンサクなど。全長1.8メート
ル。背面は褐色みを帯びた青緑色，腹
面は黄褐色。体側と背面には小黒斑が
散在する。前額部は隆起し，ことに老
成した雄で著しい。世界中の暖海に分
布し，日本付近では日本海に多い。表
層近くを遊泳し，おもに魚を捕食する。
流木など浮遊物に集まる性質があると

鰆流網（さわらながしあみ）
左図の二艘の船から石を投
げてサワラの進路を変える
《日本山海名産図会》

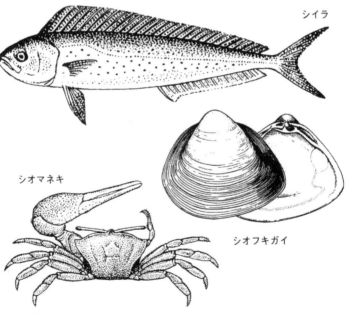

シイラ

シオマネキ

シオフキガイ

ころから，竹や柴を束ねて海中に浮かべ，その陰に群れる本種を漁獲するシイラ漬漁法が行なわれる。夏季に美味で惣菜(そうざい)用，ハワイではマヒマヒといって珍重する。

潮吹貝　**シオフキガイ**

シオフキガイ

バカガイ科の二枚貝。高さ4センチ，長さ4.5センチ，幅2.8センチほど。殻は丸みのある三角形で，帯紫白色。成貝の殻縁は少し紫が濃くなる。殻皮は黄褐色，軟体の足は白い。本州〜九州，朝鮮，中国沿岸に分布し，内湾の潮間帯の砂底に生息。刺激を受けて殻を閉じるときに潮水を出水管から吹き出すのでこの名がある。おもに佃(つくだ)煮などに利用され，養殖もされている。産卵期4〜7月。

潮招・望潮　**シオマネキ**

甲殻類スナガニ科。甲長1.7センチ，

甲幅2.7センチくらい。甲は前方が広く，側縁の前端はとがる。眼柄はきわめて長く，それを収めるような形で眼窩（がんか）が発達する。雌のはさみ脚は小さいが，雄は左右いずれか片方がきわめて強大。体色は暗青色で甲の中央部に網目模様のあるものが多い。有明海など暖地の内湾に多く，泥の干潟に穴を掘って群生する。雄は大きなはさみ脚を雌の前で上下してダンス類似の行動をする。カニの塩辛の蟹漬（がんづけ）をつくる。

シジミ

シジミ

蜆

シジミ科の二枚貝。日本産は3種。ヤマトシジミは高さ3.5センチ，長さ4センチ，幅2.5センチくらいで，漆黒色。幼貝は黄褐色で放射帯を示すことがある。日本全国の河口，潟などの汽水域にすみ，卵生。マシジミは高さ

蜆貝（しじみがい）　左は川底を竹籠でさらってシジミをとっている《日本山海名物図会》から

3.5センチ，長さ4センチ，幅2センチくらい，黒色で光沢は鈍く，幼貝は緑黄色，成長に従って焦げたような黒斑ができる。全国の河川や湖沼にすみ，胎生。セタシジミは形，大きさともヤマトシジミに似るが，殻頂はいっそうふくらんで，卵生。琵琶湖水系特産だが，近年は河口湖，諏訪湖等にも移植されている。いずれも食用，味噌汁などにして賞味される。

柳葉魚 **シシャモ**

キュウリウオ科の魚。全長15センチ。ワカサギに似るが，口が大きく，歯もかなり大きい。背は暗黄色，腹面は銀白色。北海道南部に分布し，沿海を群泳する。秋，産卵のため大群で川を遡（さかのぼ）り，砂礫（されき）底に産卵。このころ雄は二次性徴が顕著になり，全身黒色を帯び，しり鰭が大きくなる。鮮魚や冷凍品として出荷されるが，干物の需要も多い。特に卵をもったものが喜ばれる。

芝蝦 **シバエビ**

甲殻類クルマエビ科。体色は淡青の地に濃青色の小斑点が多く，体長は13セ

ヤマトシジミ

シシャモ

ンチくらい。頭胸甲は平滑ではなく，粗毛を生じている。尾節の両側縁に小棘(きょく)を欠く点などでクルマエビと異なる。水深10〜30メートルの砂底に産し，東京湾以南の日本各地，黄海，東シナ海，南シナ海に分布し，内湾に多い。てんぷら材料などとして食用。

シマアジ　　　　　　縞鰺

アジ科の魚。地方名コセ，コセアジなど。全長1メートル。体高が大きく，著しく側扁。背面は青灰色，腹面は淡く，体側中央に幅広い黄色の縦帯が走る。岩手県以南に分布し，沿岸に多い。高級魚として刺身，すし種などに用いられ，夏季，特に美味。近年ハマチと同様に幼魚を捕えて養殖も行なわれているが，量はまだ少ない。大型のものは東京などではオオカミと称し，喜ばれない。

シマイサキ　　　　　　縞伊佐木

シマイサギとも。シマイサキ科の魚。地方名スミヤキ，スミヒキ，トウトウなど。全長20センチ余。体は青灰色で腹方は淡く，体側には4条の太い黒色縦帯と3条の細い縦線が走る。本州中

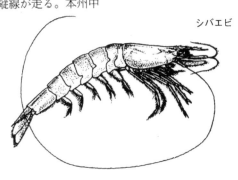

シバエビ

部以南〜インド洋に分布。沿岸性で時には淡水域に入る。うきぶくろをつかって発音するので，ウタウタイ，フエなどとも呼ばれる。惣菜(そうざい)用。

縞鰹　　シマガツオ

シマガツオ科の海産魚。クロマナガツオ，テツビン，ピヤ，ビヤ，ヒラブタとも呼ぶ。また俗にエチオピアと呼ばれる。全世界に分布し，日本では太平洋岸中部以南に多い。カムチャツカ方面では表層にいて，サケ・マスの流し網にかかる。体が縦に平たく，マナガツオに少し似ているが，鱗が大きい。全長45センチ余りになる。肉は白く，脂肪が多く，やや美味。

縞泥鰌　　シマドジョウ

ドジョウ科の魚。地方名スナムグリ，スナドジョウ，カワドジョウなど。全長12センチ。雄はやや小型。体の基色は灰緑色で，腹面は白色または淡黄色。体側中央線上に暗褐色の斑紋が並び，その背方には不規則な小黒斑が散在する。本州，四国，九州東部に分布。ドジョウと違って水の澄んだ川や浅い湖の砂または砂礫(されき)底にすむ。普通，食用にしないが，好んで食べる地方もある。近縁種のアジメドジョウは飛騨地方で美味なものとして賞味され，その分布は本州中部のいくつかの川の上・中流に限られている。全長10センチ。

蝦蛄　　シャコ

甲殻類シャコ科。エビに似るが，口脚目に属する。頭胸甲は小さくて薄い。第1触角は3本のひげに分かれ，眼は

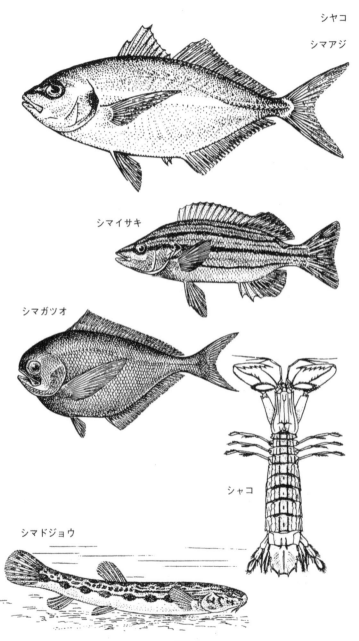

シャコ

シマアジ

シマイサキ

シマガツオ

シャコ

シマドジョウ

207

シャコ

大きい。第2顎脚はカマキリの脚のように強大で捕脚を形成。腹部は強大で幅広く、尾節は板状である。色は淡褐色で青・赤の縦線が走る。体長は15センチくらい。北海道～中国大陸に分布し、ハワイでも知られる。沿岸の泥底に腹部で穴を掘って生活し、小甲殻類、小魚等を捕食。打瀬(うたせ)網などで漁獲され、酢の物、すし種とする。

硨磲貝　**シャコガイ**
サルガイ科の二枚貝。オオジャコは世界最大の貝で長さ1.4メートル、重さ230キロに達する。扇を広げたような形で5本の太い放射肋がある。殻表は灰白色。インド洋・西太平洋のサンゴ礁にすみ、外套(がいとう)膜にゾーキサンテラという藻類が共生してあざやかな黒、青、緑等の色になる。食用。殻は水がめ、水盤、置物などに利用。シャゴウ、ヒレジャコ、ヒメジャコ等小型の近縁種は奄美(あまみ)、沖縄のサンゴ礁にも分布する。

三味線貝　**シャミセンガイ**
メカジャとも。触手動物腕足類シャミ

シャミセンガイ

シャゴウ

208

センガイ科の総称としても用いるが，一般にはそのうちのミドリシャミセンガイをいう。長さ約4センチ，幅2センチの薄い2枚の殻が背腹にあり，表面に同心円状の成長線がみられる。色は緑色ないしオリーブ色。殻の後端より4〜5センチの肉質の柄を出し，形が三味線に似ているのでこの名がある。本州・四国・九州沿岸の砂泥質の海底に穴を掘ってもぐり，その中で生活する。近縁の化石種は古生代から知られる。有明海沿岸では食用にする。

シュモクザメ　　　　　撞木鮫

シュモクザメ科の魚の総称。地方名カセブカ，カセワニなど。頭部がT字形をしており（撞木鮫の名はこれに由来），眼がその左右の突出部にあるのが特徴。シロシュモク，アカシュモク等日本近海にも3種ほどがすむ。全長3〜4メートル。外洋性の表層魚で世界中の暖海に分布する。上等なかまぼこの原料になり，鰭も「フカの鰭」として上等。

ショウサイフグ　　　　潮前河豚

フグ科の魚。東京ではゴマフグ（分類

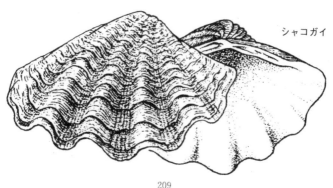

シャコガイ

上のゴマフグとは別種)ともいう。マ
フグなどに似ているが，しり鰭や尾鰭
下縁が白いことなどで区別できる。全
長35センチ。東北地方～九州に分布し，
沿岸に最も普通に見られ，潮際フグの
名もこれによる。トラフグなどの代用
品としてフグ料理に用いられる。また，
マフグ(ナメラフグ)やナシフグをさす
場合もある。

精進蟹　ショウジンガニ

甲殻類イワガニ科。甲は丸みのある四
角形で甲長4センチくらい。額の両側
で第1触角窩(か)が深く食いこむ。色
は黒褐色，側縁の歯や脚の節の周縁等
は赤くて美しい。分布は日本全土～台
湾。岩礁の潮間帯から数メートルの深
さに普通に見られ，運動は敏速である。
食用。

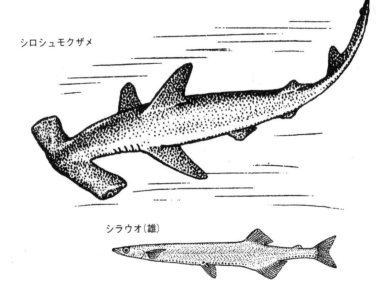

シロシュモクザメ

シラウオ(雄)

食物連鎖 しょくもつれんさ

いわゆる食う者と食われる者の関係で結びついた生物間のつながり。捕食連鎖，寄生連鎖，腐生連鎖などが区別される。動物は終局的にはすべて独立栄養を営む緑色植物に依存し，原則として，緑色植物→草食動物→小型肉食動物→大型肉食動物の関係が成り立つ。一般に連鎖の成員はその先行者より個体数が少なくなるのが普通で緑色植物を底辺にしたピラミッドが構成される。自然界では単一の食物連鎖が独立して存在することは非常にまれで，普通は多くの連鎖が相互に関連して食物環，食物網を形成する。

シラウオ   白魚

シラウオ科の魚。全長10センチ。生きている時はほとんど無色透明。雄は雌

ショウジンガニ

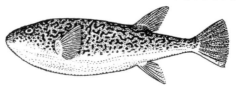

ショウサイフグ

211

シラエ

食物連鎖
北海のプランクト
ンとニシンの関係

ニシン成魚

ヤムシ

イカナゴ

オタマボヤ

端脚類

枝角類

翼足類

櫂足類

櫂足類

櫂足類

枝角類

夜光虫

有孔虫

珪藻

珪藻

珪藻

珪藻

放散虫

珪藻

珪藻

珪藻

珪藻

鞭毛虫

鞭毛虫

シラエビ

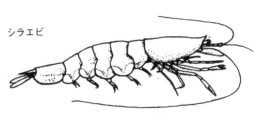

より胸鰭が長く，とがる。日本海全域
と，太平洋側では本州中部以北に分布。
汽水域にすみ，春，産卵のため川を遡
(さかのぼ)る。美味で吸物，てんぷら等
に用いられる。近縁種にやや大型のア
リアケシラウオその他がある。ハゼ科
のシロウオと混同されやすい。

シラエビ　　　　　　　　　　　　　白蝦

ベッコウエビとも。甲殻類オキエビ科。
体は無色透明，卵は灰緑色。頭胸部は
小さく，額角は微小である。体長は7.5
センチに達する。第1・2胸脚はやや
大きく，はさみを形成し，第3～5胸
脚は小さい。日本の各水域～インド洋，
地中海，大西洋に分布し，日本近海で
は水深130～600メートルの所で採取さ
れる。素干し，あるいは赤く染めてサ
クラエビの代用品として利用。

白子　しらす

カタクチイワシ，マイワシ，ウルメイ
ワシ，アユ，エソ，シラウオなどのほ
とんど無色透明な稚魚の総称。沿岸の
表層近くを目の細かい網でひいてとる。
生食もするが，ゆでて干した白子干し
としても賞味される。カタクチイワシ
が最も多く用いられ，ちりめんじゃこ，
かえりじゃこなどとも呼ばれる。

白子のいろいろ

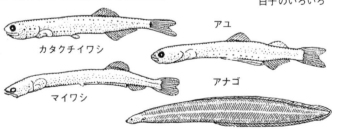

カタクチイワシ

アユ

マイワシ

アナゴ

213

素魚・白魚　シロウオ

ハゼ科の魚。全長 6 センチ。体は細長く側扁し，鱗や側線はない。淡黄色で透明。北海道の一部～九州，朝鮮南部に分布。沿岸にすみ，春，産卵のため川を遡(さかのぼ)る。石の下面に産みつけられた卵を雄が保護する。福岡市室見(むろみ)川のシロウオ料理(おどり食い)は有名。

白長須鯨　シロナガスクジラ

クジラ目ナガスクジラ科。ヒゲクジラ

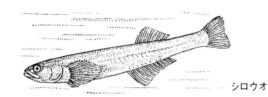

シロウオ

214

の一種。古今最大の動物で，雌は雄より大きく全長30メートル以上に達する。体は灰青色で，背側などには淡色のかすり模様のある場合が多い。北太平洋，北大西洋，南氷洋などに分布。オキアミ，カラヌスなどの小甲殻類を食べる。冬に温暖な地方に回遊して繁殖する。妊娠期間10〜11ヵ月。1腹1子。ノルウェー式捕鯨が始まって以来，個体数は急激に減少し，現在では国際捕鯨条約によって捕獲を禁止されている。

シロナ

シロウオ

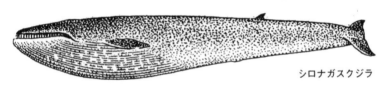
シロナガスクジラ

西宮白魚（にしのみやしろうお）　四つ手網で河口に上ってくるシロウオをとる《日本山海名産図会》から

ス

水字貝

スガイ

酢貝

スイジガイ

ソデボラ科の巻貝。殻に6本の角状突起があって「水」の字に似るのでこの名がある。高さ24センチ、幅16センチ。殻表は黄白色で、黒褐色の縞（しま）状の斑が散在する。殻口の内面は赤褐色。紀伊半島以南、西太平洋、インド洋の浅海の岩礫（がんれき）底にすむ。食用、観賞用、また水にちなんで火よけのお守りにする地方もある。近縁種にムカデガイ、サソリガイ等がある。

スガイ

リュウテン科の巻貝。石灰質の蓋を酢に入れると、泡（あわ）を出して動きまわるのでこの名がある。高さ2.7センチ、幅3センチ。殻表は緑褐色のものが多く鮫肌（さめはだ）状。房総半島以南、西太平洋、インド洋の潮間帯の岩礫（がんれき）底にすみ、殻の上に普通、緑藻がはえている。磯物として美味。

スイジガイ

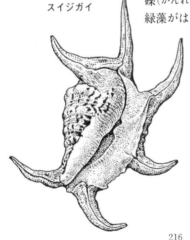

スガイ

スケトウダラ

スケソウダラとも。タラ科の魚。地方
名タラ，スケソ，ミンタイ，メンタイ
など。全長60センチ。下顎が上顎より
長く，体が細長い点でマダラと区別し
やすい。背面は褐色，腹面は白く，体
側に2条の不規則な褐色縦帯が走る。
日本海〜北太平洋に分布。水深200メ
ートルぐらいの中層にすむ。練製品の
原料として重要。卵巣は塩漬にし鱈子
(たらこ)として賞味される。

スサビノリ

紅藻ウシケノリ科の海藻。日本の北部
および朝鮮に分布し，雌雄同株である。
高低潮線間の岩，竹，木などにつく。
同属のアサクサノリによく似て卵状。
長さ10〜20センチほどである。北海道
の一部では養殖されていて，浅草海苔
の原料になっている。

スズキ

スズキ科の魚。成長段階によって多く
の地方名があり，東京付近では幼魚を
セイゴ，やや大きいものをフッコ，成

スサビノリ

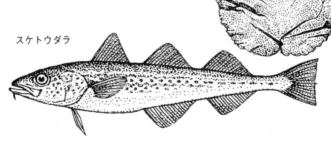

スケトウダラ

217

スズメ

スズキ

魚をスズキという。全長90センチ。体は側扁し，背面は灰青色，腹面は銀白色。日本〜朝鮮，中国，台湾に分布。沿岸魚で川にも上る。洗い，刺身，塩焼，フライなどにして賞味される。近縁種のヒラスズキは東京ではノブッコとも呼ばれ，体高がやや大きく，下顎の腹面に1列の鱗がある。やや暖海性。スズキと同じく食用。

雀鯛　　**スズメダイ**

スズメダイ科の魚。地方名ゴンゴロウ，オセンコロシなど。全長18センチ。本州中部〜東シナ海に分布。福岡などで食用とするが，他の地方ではほとんど利用されない。同科にはソラスズメ，ルリスズメなど美しい種類も多く，いわゆる海産の熱帯魚として沖縄・小笠原などから空輸される。

鼈　　**スッポン**

スッポン

爬虫(はちゅう)類スッポン科のカメ。甲長25センチに達するものもある。甲は柔らかく，骨質板は縮小している。背甲は緑褐色，腹甲は淡黄色で，幼体は美しい朱色の腹面をもつ。魚介類を捕食し性質は荒い。日本固有の亜種で，本州・四国・九州に分布，特に南西部に多く，河川や池沼の砂底にすむ。肉は美味で，スッポン料理として賞味され，浜名湖などで養殖もされている。

須万　　**スマ**

サバ科の海産魚。ヤイト，キュウテン，ホウサンともいう。本州中部以南，台湾，ハワイ，西南太平洋諸島の近海に分布するが，日本海にはまれである。

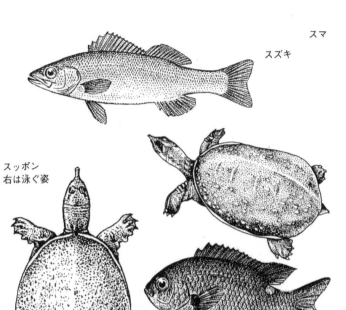

スマ

スズキ

スッポン
右は泳ぐ姿

スズメダイ

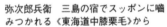

弥次郎兵衛　三島の宿でスッポンに嚙みつかれる《東海道中膝栗毛》から

219

体長1メートルくらい。体は紡錘形で背面は暗青色。胸鰭の下方に灸(きゅう)のあとのような黒紋が数個あり，地方名の由来になっている。カツオに似ているが，肉質はかなり異なり，脂気が適度にあって，刺身にして美味。削節の材料にもなる。

鯣烏賊

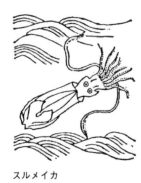

スルメイカ

——蟹

スルメイカ

軟体動物アカイカ科。胴の長さ30センチに達し，最も普通に食用となっている。赤褐色で外套(がいとう)膜の背中線に濃色の色帯があるのでヤリイカ類と区別がつく。死ぬと褐色になり，さらに白色になる。おもに冬～春に日本西部海域で産卵・孵化(ふか)した幼イカは，黒潮と対馬海流に運ばれて北上し成長してから再び南下する。おもな漁場は三陸沖～北海道の太平洋側と日本海で，年間漁獲高は60万トン前後で，するめ，生食，冷凍，塩辛等とする。

ズワイガニ

甲殻類ケセンガニ科。エチゼンガニ，また島根・鳥取地方でマツバガニともいう。雄は甲長12センチ，甲幅13センチほど。雌は雄の2分の1以下の大きさで，セイコまたはコウバク(コ)の別名がある。甲形は丸みのある三角形，甲はあまり堅くない。体色は薄い赤銅色。寒海の食用ガニで北米，アラスカ，アレウト諸島～日本海に分布し，70～300メートルの海底にすむ。カニ刺網，機船底引網で漁獲され，富山，石川，福井，鳥取などが主産地。茹(ゆで)ガニ，缶詰などにし，美味。旬は冬季。

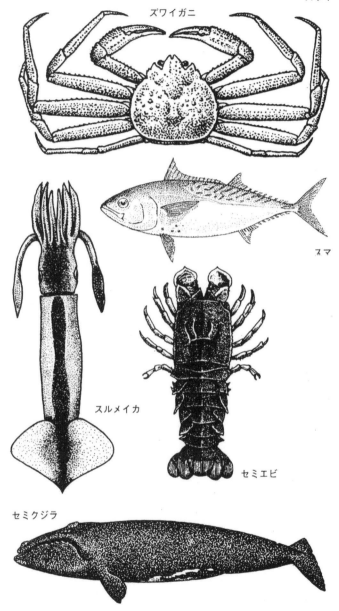

ズワイ

ズワイガニ

スマ

スルメイカ

セミエビ

セミクジラ

セ

蟬蝦　　セミエビ

セミエビ科の歩行型エビ。千葉県以南の西南日本に普通で，インド，西太平洋全域に広く分布。体長30センチ。全体は長方形で，頭胸部は正方形に近い。表面に多くのつぶつぶと，あらい毛とがある。甲は厚くて堅い。第2触角は形が変わり，その根もとは板状になっている。5対の胸脚は太くて短い。漁獲量は少ないが美味で食用にする。

背美鯨　　セミクジラ

クジラ目セミクジラ科。ヒゲクジラの一種で体長14.5メートルほど。ひげは長く4.5メートルに達する。ボンネットと呼ばれる頭部の隆起が特徴で，体色は黒。北太平洋，北大西洋，南半球南部に分布。全身にクジラジラミが寄生するものが多い。乱獲のため絶滅に瀕し，現在は国際捕鯨条約で捕獲を禁止されている。

ソ

草魚　　ソウギョ

コイ科の魚。全長1メートル。形はコ

ソウギョ

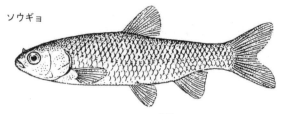

イに似るがより円筒形，背面は灰褐色。
腹面は銀白色。アムール川～ベトナム
北部の河川や湖沼に原産，日本，台湾，
タイ，マレーなどに移殖され，利根川
水系や台湾では繁殖もする。雑食性で，
特にアシ，マコモなどの葉や茎を好む。
中国，台湾では重要な食用魚である。

ソウダガツオ　　　　宗太鰹・惣太鰹

サバ科の魚のマルソウダ(マンダラ，
ウズラ)とヒラソウダ(ソウダウズワ，
シロス)の混称。ソウダ，メジカ，マ
ガツオなどとも。両種とも全長40セン
チぐらい，背面は藍青色，後半部に不
規則な雲状紋がある。北海道～台湾，
フィリピンなどに分布し，沿岸の表層
を群泳する。ヒラソウダは刺身にされ
る。マルソウダは普通，かつお節の代
用にされるが，生食すると食中毒を起
こすことがある。

ソウハチ　　　　　　　惣八・宗八

カレイ科の海産魚。カラス，エテガレ
イ，シロアサバ，シロガレともいう。
千島列島やサハリンから太平洋側では
宮城県，日本海側では隠岐(おき)島，
朝鮮東岸に分布。体長30センチ，上方
の目が体の右側に完全に移っていない
で，頭の背中線にある。産卵期は晩秋
で，干物にして美味で，冬がよい。

ヒラソウダ

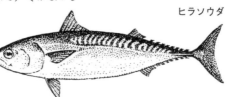

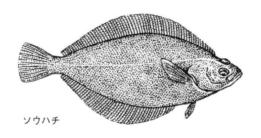

ソウハチ

包丁（ほうちょう）《和漢三才図会》から

夕行

タ

鯛

タイ

タイ

タイ科の魚の総称であるが，普通には
マダイをさす。体は側扁し，赤色地に
青緑色の小斑点が散在，全長は80セン
チ以上に達する。日本～南シナ海など
に分布。定着性の近海魚で肉食性。4
～6月に産卵のため沿岸に来遊する。
一本釣，延縄(はえなわ)，ごち網などで
漁獲。古来，海魚の王といわれ，刺身，
塩焼，うしお汁，浜焼，鯛味噌などと
して賞味される。ほかにキダイ，クロ
ダイ，チダイなど。またコショウダイ，
フエフキダイなどのように，魚類には
タイ科以外にも一般にタイといわれる
ものが多い。

タイショウエビ

コウライエビとも。甲殻類クルマエビ科。色は淡灰色，尾鰭は暗褐色，体長は27センチくらい。腹部の第4節以下は強く側扁している。黄河，東シナ海などに分布し，主としてトロール網で漁獲される。てんぷらなどに利用。

タイマイ

爬虫(はちゅう)類ウミガメ科。甲長90センチに達する。背面は黄褐色地に黒褐色の斑紋があり，腹面は淡黄色。背甲の鱗板は若体では敷石状，成長に従って瓦状に重なり，老熟個体では再び敷石状に並ぶ。他のウミガメ同様雑食性。太平洋・インド洋・大西洋の熱帯・亜熱帯の海洋に分布。日本では関東近海にまでくる。以前は肉を食用としていた。甲は鼈甲(べっこう)。日本は細工用

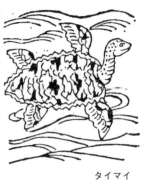

タイマイ

鯛五智網(たいごちあみ)
五智網は手操網で江戸時代から瀬戸内海で用いられている《山海名産図会》

タイラ

タイショウエビ

タイマイ

タイ

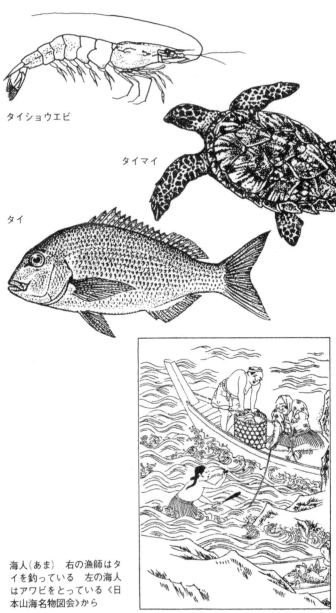

海人（あま）　右の漁師はタ
イを釣っている　左の海人
はアワビをとっている《日
本山海名物図会》から

材料としてタイマイの輸入を続けてき
たが，ワシントン条約では原則として
商業取引を禁止している。

タイラギ

玉珧

タイラガイとも。ハボウキガイ科の二
枚貝。高さ11センチ，長さ22センチ，
幅4.5センチほど。殻は三角形で薄質。
幼体は淡緑色だが，老成するとオリー
ブ色。殻表は一般になめらかだが，と
げを生ずることもある。本州以南，西
太平洋の内湾の泥底にすみ，とがった
ほうを下にして小石などに足糸で付着。
産卵期は7〜8月。貝柱は大きく美味。

タウナギ

円鰻

タウナギ科の魚。形はウナギに似て，
全長80センチ。体色は黄褐色で，暗褐
色の斑紋をもつ。鰓は退化し，呼吸は
主として消化管で行なわれる。東南ア

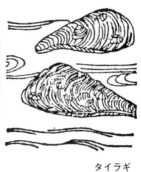

タイラギ

ジア〜沖縄，朝鮮に分布。浅い池や沼の泥底にすむ。日本では東京，大阪，奈良などで繁殖しているが，自然分布かどうか不明。アジアでは重要な食材とされる。

高足蟹　　　**タカアシガニ**

甲殻類クモガニ科。日本特産で世界最大のカニ。大きい個体では甲長38センチ，甲幅29センチ，はさみ脚を広げると3メートル以上のものもある。甲は西洋ナシ形，体色は黄色で赤い斑がある。額角は幼時には長いが，成長すると短く根元から外に開く。本州，四国，九州の太平洋岸に分布。50〜200メートルの海底にすむ。雄は食用にする。

鷹羽鯛　　　**タカノハダイ**

タカノハダイ科の魚。地方名タカッパ，ヒダリマキ，キコリなど。全長40センチ。体は灰褐色で，9条の暗褐色の斜走帯がある。尾鰭には白斑が散在。胸鰭の下方の6軟条は太くて長い。本州中部〜東シナ海に分布。沿岸の30メートル以浅の岩礁間に多い。食用。

タカノハダイ

鰤　　　**タカベ**

イスズミ科の魚。地方名シャカ，ホタなど。全長20センチ。背面は青緑で，幅広い黄色縦帯が走る。本州中部以南の太平洋側に分布。岩礁の多い所にすむ。伊豆七島や伊豆半島では重要な食用魚で，焼魚にして美味。

蛸・章魚　　　**タコ**

頭足綱八腕形目の軟体動物の総称。体後部に鰭がなく，また触腕もない。外套(がいとう)膜の縁はイカ類のように開

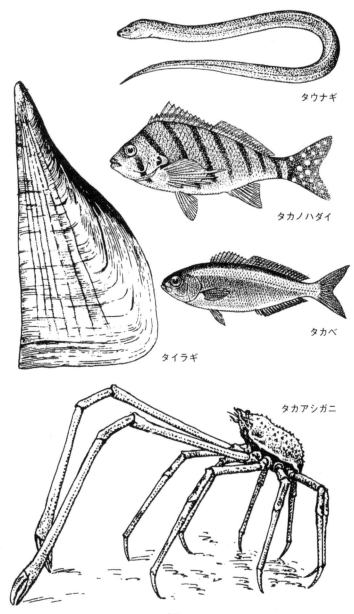

タコ

タウナギ

タカノハダイ

タカベ

タイラギ

タカアシガニ

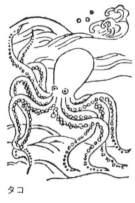

タコ

太刀魚

かずほとんど閉じている。鰓（えら）は１対。腕の吸盤は２列のものが多い。吸盤は肉質で，疲労するとすぐ表面が剝離（はくり）する。分類が困難で，研究不十分の群もあるが，日本近海だけでも約30種いると思われる。すべて海産で，カイダコ，アミダコのように海面に浮遊するもの，マダコのように比較的沿岸にすむもの，チヒロダコ，クロダコのように数百〜数千メートルの深海にすむものなどがある。マダコ，ミズダコ，イイダコなど年間約10万トンの漁獲があり，水産上重要。

タチウオ

タチウオ科の魚。地方名タチノウオ，サーベラ，タチ，ハクヨなど。全長1.5メートル。体は著しく側扁し，銀白色。本州中部以南の暖海に分布し，日本で

豫泏（州）長浜章魚（よしゅうながはまたこ）　長浜は愛媛の西部で伊予灘を臨む《日本山海名産図会》から

232

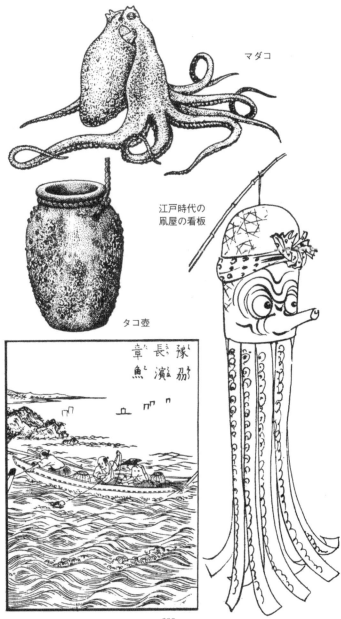

マダコ

江戸時代の
凧屋の看板

タコ壺

章
魚

長
濱

豫
刕

233

章魚（たこ）　タコ壺を沈め
てタコをとる《日本山海名
物図会》から

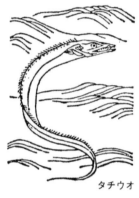

タチウオ

は瀬戸内海に多い。惣菜（そうざい）用。
関西で喜ばれる。体表の銀粉状のグア
ニンは模造真珠の原料にされる。

駄津

ダツ

ダツ科の魚。地方名ダス，ラス，ダイ
ガンジなど。背面は灰青色，腹面は淡
い。骨は青緑色。全長1メートル。日
本〜中国南部に分布。上下両顎が著し
く延びて長いくちばし状をなし，これ
に鋭い歯がはえている。食用。類縁種
に体幅のやや大きいテンジクダツなど
がある。

鱮

タナゴ

コイ科の魚。全長雄12センチ，雌10セ
ンチ。関東・東北地方に分布。平野部
の湖沼の水草のある浅所に多い。カラ
スガイ，タガイなどの鰓内に産卵する。

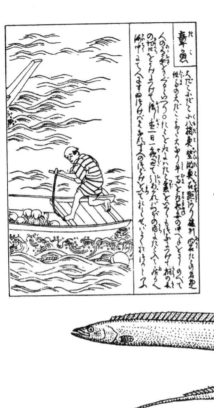

ダツ

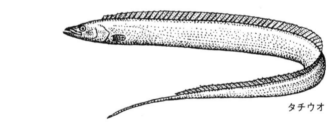

タチウオ

ダツ

タナゴ

235

タニシ

タニシ

田螺

またタナゴ，ヤリタナゴ，ゼニタナゴ，バラタナゴなどを混称してタナゴということもある。ヤリタナゴは全長10センチ，日本産タナゴ類中最も分布が広く，本州，四国，北九州の湖沼，河川にすむ。マツカサガイの鰓内に産卵。前種とともにすずめ焼，佃(つくだ)煮などにされる。冬美味。東京付近のタナゴ釣はおもに本種を対象とする。ゼニタナゴは全長9センチ。口ひげがない。関東・東北地方また新潟県の一部に分布。琵琶湖，天竜川水系にもいるが，移植されたものといわれる。なおウミタナゴをさすこともある。

タニシ

タニシ科の巻貝。日本産は4種。オオタニシ(高さ6.5センチ)，マルタニシ(6センチ)，ヒメタニシ(3.5センチ)は北海道南部〜九州の河川，湖沼，水田などにみられる。ナガタニシ(5センチ)は琵琶湖水系特産種。いずれも

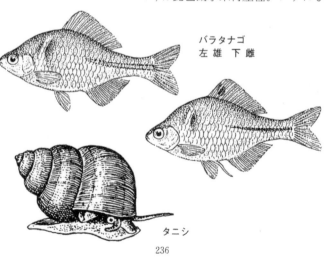

バラタナゴ
左雄 下雌

タニシ

236

体は灰黒色，蓋は褐色。卵胎生で，夏に幼貝を産み，冬は泥中に入って越冬。蓋は殻口にぴったり合うため乾燥にも耐える。食用，ヒメタニシは飼料用。

ダボハゼ

東京などでドロメ，アゴハゼなどマハゼ以外のハゼ科の魚をいうが，チチブをさす場合が最も多い。チチブは全長12センチ。日本，朝鮮に分布。河口付近に多く，河川の中流や浅い沼にもすむ。食用。霞ヶ浦や北浦などでは佃（つくだ）煮の材料にする。

鰤

タラ

タラ

鱈

タラ科の魚。別名マダラ。地方名ホンダラ，アカハダなど。全長95センチ。体色は淡灰褐色で，背面と体側に不定形の斑紋がある。日本海～北太平洋に分布。北方にいくほど浅いところにすむ。きわめて貪食（どんしょく）で，昼間は海底にひそみ，夜間活動して甲殻類，底生魚類を食べる。肉量が多く惣菜用

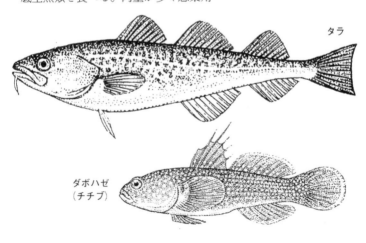

タラ

ダボハゼ
（チチブ）

に喜ばれ，また棒ダラ，干ダラ，塩ダラなどにする。産額が多く水産上重要。近縁種にスケトウダラ，コマイなど。

鱈場蟹　　タラバガニ

甲殻類タラバガニ科。カニ類ではなく，ヤドカリに近い。甲は前方にせばまった円形で，甲面には約20数個，周縁に約30個の円錐状のとげがある。はさみ脚および3対の歩脚は強大でとげが多く，第4歩脚は縮小して甲の陰に隠れる。色は紫褐色。甲長雄22センチ，雌16センチくらい。北海道〜北太平洋に分布し，水深30〜360メートルの海底にすむ。カニ刺網などで漁獲され，缶詰にして賞味される。近縁種のアブラガニ，ハナサキガニも漁獲され，缶詰などにされる。

チ

血鯛　　チダイ

タイ科の魚。地方名ハナッコ，ハナダイ，チコダイなど。全長40センチ。北海道南部〜東シナ海に分布。マダイ（タイ）によく似ているが，尾鰭の後縁が黒く縁取られていないことや，鰓蓋の縁が血が付着したように赤いことで区別できる。また，産卵期が秋で，旬が春〜夏であることも異なる。マダイと同様に美味。

蝶鮫　　チョウザメ

チョウザメ科の魚。サメと呼ばれるが硬骨魚類。全長1メートル余。鱗は硬鱗で，背中線，体側，腹面にそれぞれ

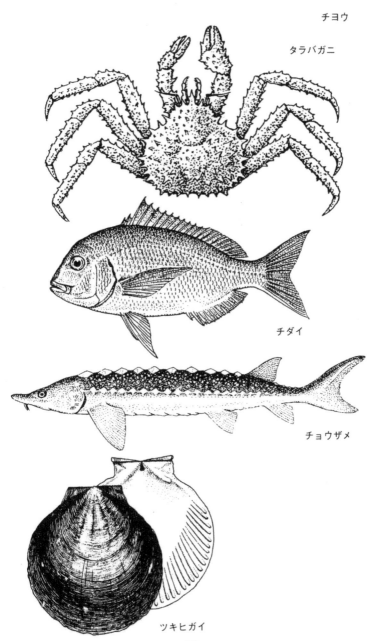

チヨウ

タラバガニ

チダイ

チョウザメ

ツキヒガイ

239

１列に並ぶ。かつては北海道の石狩川，天塩川などに産卵のため遡ったといわれるが，近年は少ないらしい。近縁に数種あり，いずれも肉は美味で卵は塩漬にしてキャビアとされる。また釣の対象とされるなど旧ソ連，北米などでは水産上重要。

ツ

月日貝・海鏡　　　**ツキヒガイ**
イタヤガイ科の二枚貝。高さ長さとも10センチ，幅２センチ。左殻が赤褐色，右殻が黄白色，これを月と日に見たててこの名がある。両殻の間は狭く開き，内面に放射肋がある。房総半島～九州に分布。浅海の砂底にすみ，殻を強く開閉して，はねるように泳ぐ。殻は貝細工，肉は食用。

角叉　　　**ツノマタ**
紅藻類スギノリ科の海藻。日本各地沿岸の潮間帯の岩上に生育する。体は扁平で幅広く，叉状(さじょう)に分岐する。高さ５～20センチ。暗紅～緑色で，緑

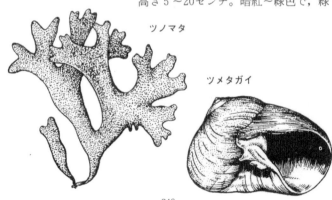

ツノマタ

ツメタガイ

240

藻類のように見えることがある。近縁にオオバツノマタ，トチャカ，コブツノマタなどがあり，いずれも食用糊料として注目されている。

ツメタガイ

タマガイ科の巻貝。高さ7センチ，幅8.5センチ。殻は褐色で殻底は白い。軟体は大きく紫灰色で，前後から殻をおおう。触角はあるが，眼を欠く。蓋は褐色で革質。北海道南部以南，西太平洋の浅海の砂底にすむ。二枚貝等を足で抱き，殻に穴をあけて食べるため，養殖の害貝である。卵塊は茶碗を伏せたような形で砂茶碗という。肉は食用，殻は貝細工に利用。

ツルモ

褐藻類ツルモ科の海藻。世界各地に広く分布。体は数本ずつ束生し，中空，単一の長い円柱状，長さ1～4メートル，太さ2～5ミリ，上下部は細まる。褐色で，表面は滑沢である。体の内部にガスを充満するので，海中では直立している。乾燥して保存，もどして三杯酢などで食べる。

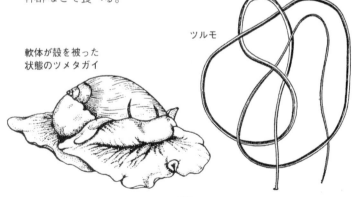

ツルモ

軟体が殻を被った
状態のツメタガイ

テ

手長蝦 テナガエビ

甲殻類テナガエビ科。淡水産のエビで，体色は暗緑色。体長は9センチくらい。第1触角は3本の長いひげに分かれ，第1・2胸脚ははさみとなり，特に雄の第2胸脚は体長の1.8倍ほどの長さである。額角も板状で大きく，とげがある。北海道を除く日本各地，中国・朝鮮などの河川や湖沼に分布。日本では霞ヶ浦などが主産地で，佃(つくだ)煮などにされる。

手長蛸 テナガダコ

テナガダコ

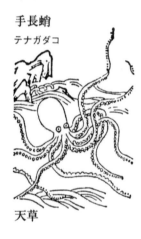

軟体動物マダコ科。腕の長さを含めて90センチにもなるが胴は小さく8センチくらい。体色は灰褐色，赤褐色，暗褐色で淡灰色の斑紋がある。皮膚も肉質もマダコより柔らかい。日本各地に産するが，特に瀬戸内海に多く，内湾の泥の中にトンネルを掘ってすむ。食用のほか，釣餌にする。産卵期は5〜6月で，卵は大きく，数はマダコより少ない。

天草 テングサ

マクサとも。紅藻類テングサ科の海藻。日本各地の沿岸に分布し，低潮線付近から約15メートルの深さの岩上によく生育する。体は樹枝状で，3回叉状(さじょう)に分岐し，高さ10〜30センチ。寒天の原料となる。

天狗螺 テングニシ

テングニシ科の巻貝。高さ19センチ，

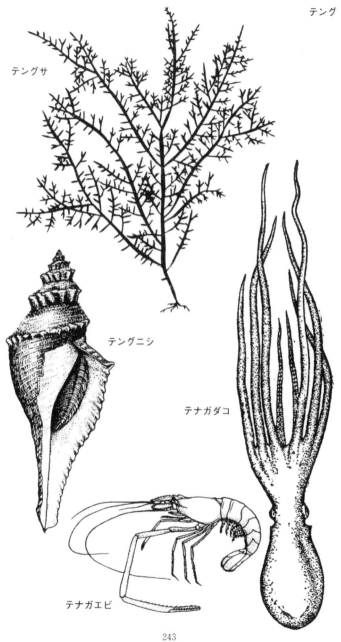

テング

テングサ

テングニシ

テナガダコ

テナガエビ

243

幅8.5センチの紡錘形。殻は黄白色で、黄褐色のビロード様殻皮でおおわれる。房総半島以南、西太平洋の浅海の砂底にすむ。産卵期は夏、卵嚢はウミホオズキという。殻は貝細工、肉は食用。

天竺鯛　　　　**テンジクダイ**

テンジクダイ科の海産魚。ナミノコ、モチウオ、フナゲンナイ、イシモチともいう。本州中部以南、中国広東省まで分布。日本の沿岸で普通に見られる。体長10センチの小魚で、体色は白っぽい淡灰色で、体側に8〜12個の幅狭い淡褐色の横帯がある。雑魚として扱われる。串焼にして食べる。

天須　　　　　**テンス**

テングサ

ベラ科の海産魚。テス、アマダイともいう。本州中部以南、沖縄、朝鮮南部、中国広東省まで分布。体長30センチ、体色は美しい紫紅色で、4個の不明確な濃赤色の暗帯がある。体が著しく側扁し、頭部背面は隆起縁となる。背鰭の第1棘(きょく)は長く、これと第2棘は次の棘からやや遠く離れ、第3棘との間で鰭膜は断絶している。側線は中断している。旬は夏で、かまぼこの原料になる。室戸岬地方では焼いてそうめんのだしに使う。

ト

唐冠貝　　　　**トウカムリガイ**

トウカムリガイ科の海産の大型巻貝。紀伊半島以南、熱帯太平洋、インド洋に広く分布。潮間帯下の岩礁に生息。

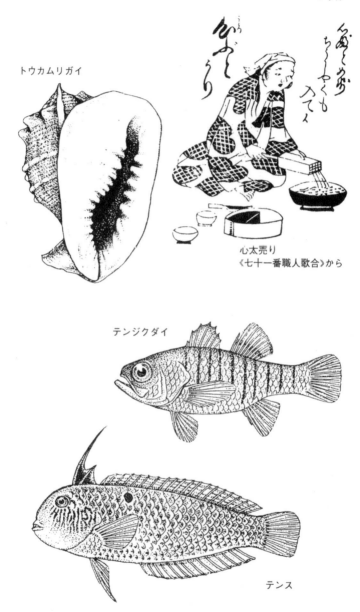

トウカ

トウカムリガイ

心太売り
《七十一番職人歌合》から

テンジクダイ

テンス

245

その形が冠に似ていて，外国から渡ってきた珍しい貝という意味の名。殻の高さは35センチくらいになり，厚くて，殻口は狭い。その左右は平らにひろがり，肉色で，つやがあって美しいので装飾にする。肉は食用にする。

頭足類　とうそくるい

軟体動物のうち最も分化した体制をもつ一綱。タコ，イカ，オウムガイなどを含む。頭，胴，腕の3部からなり，頭部にはよく発達したカメラ眼をもつ。胴部は嚢状または円錐状の外套（がいとう）膜で包まれ外套腔内には鰓（えら）や墨汁嚢をもつ。外套腔内の水を水管（漏斗）から噴出させて移動する。腕（足）は8本か10本で，頭部と直接連絡する。すべて海産で肉食性。カンブリア紀後期から出現し，現生約600種，日本近海には200種がすむ。アンモナイトもこの仲間。

アンモナイト　ハミテスとトゥリリテス（右）

毒師

ドクカマス

カマス科の魚。別名オニカマス。全長1.5メートル以上。背側に暗青色の横帯がある。高知県以南の太平洋，インド洋などに広く分布し，表層を泳ぐ。美味だが，時に有毒で産地によっても毒性は異なる。

棘魚

トゲウオ

トゲウオ科の魚の総称。背鰭の前部，腹鰭はとげに変化。雄が産卵期に美しい婚姻色を現わし，巣を作って卵や子を保護する習性で知られる。イトヨは全長6センチ。降海型と淡水型があり，前者は北半球北部，日本付近ではサハ

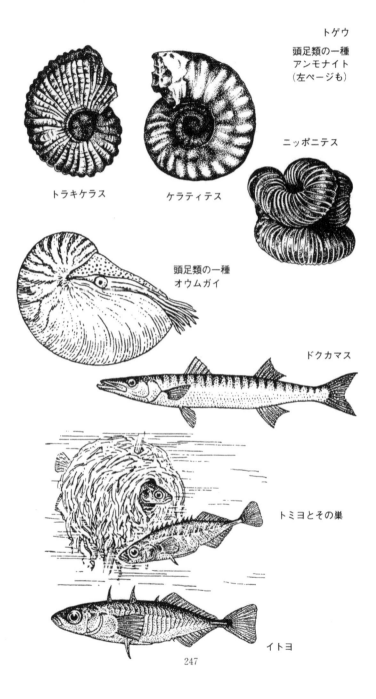

トゲウ

頭足類の一種
アンモナイト
（左ページも）

トラキケラス

ケラティテス

ニッポニテス

頭足類の一種
オウムガイ

ドクカマス

トミヨとその巣

イトヨ

247

トコブ

ドジョウ

常節

鶏冠海苔

トサカノリ

泥鰌・鰌

リン～本州中部，九州，朝鮮に分布。後者は青森，福島，栃木，福井に分布，福井県大野市本願清水のものは天然記念物。晩春産卵する近縁のハリヨ（ハリウオ）は全長5.5センチ。岐阜，三重，滋賀の3県に分布。湧水を水源にもつ細流にすむ。淡水型のみが知られ，絶滅に近い。トミヨは全長5.5センチ。シベリア，サハリン～本州，朝鮮に分布。淡水型のみ。イトヨを食用とした地方もあった。

トコブシ

ミミガイ科の巻貝。アナゴ，ナガレコとも。高さ2センチ，長さ7センチ，幅5センチの卵形。アワビに似るが，小さく，殻口近くに穴が6～7個（アワビでは4～5個）。殻表は平滑なものもあるが，多くは肋が走る。褐色またはオリーブ褐色。北海道南部～九州の潮間帯下の岩礁にすむ。食用。

トサカノリ

紅藻類ミリン科の海藻。本州中部以南の太平洋沿岸，瀬戸内海，九州地方に分布し，低潮線以下の岩上に生育する。高さ15～30センチ，体は扁平，肉質で不規則に叉状（さじょう）に分岐し，全体にニワトリのとさかを思わせる。地方により食用とする。

ドジョウ

ドジョウ科の魚。体は円筒形で口ひげは10本。褐～緑褐色で不規則な斑紋がある。全長18センチ。日本全土，朝鮮，中国，台湾に分布。水田，沼，溝などの泥底にすみ，泥土中の有機物や小動

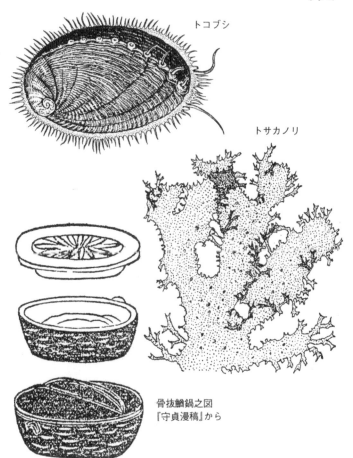

ドジヨ

トコブシ

トサカノリ

骨抜鱛鍋之図
『守貞漫稿』から

ドジョウ(右)とシマドジョウ

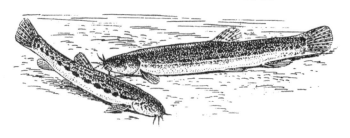

物を食べる。生活条件が悪くなると腸呼吸をする。4～7月に産卵。柳川鍋，蒲焼(かばやき)などが美味で，養殖も行なわれる。

飛魚　**トビウオ**

トビウオ科の魚の総称。地方名アゴ，タチウオなど。日本近海にも20数種おり，いずれも胸鰭がよく発達し，消化管などは形が単純で飛ぶのに都合がよい。最大種のハマトビウオは全長50センチ，体重1キロ以上で，低温を好み，表面水温20℃以下の水域にもすむ。八十八夜のころから種子島あたりでとれ始めるホソトビ(全長28センチ)，ツクシトビウオ(全長30センチ)などは，7～8月には北海道南部にも北上する。その他夏季に日本近海にくるものはアキツトビウオ(ホントビとも)，アヤトビウオ，アカトビ，アリアケトビウオなど。一般に卵は糸状の突起をもち，これで海藻などにからみつく。流し刺網などで漁獲され，塩焼，フライ，大型のものは刺身にもされる。また干物(「くさや」が有名)としても出荷される。

鳶鱝　**トビエイ**

トビエイ科の海産魚。トンビエイ，ツバクロエイ，トリエイ，トビエともいう。南日本から南方に広く分布。体板の幅が50センチくらいで有毒の尾棘(びきょく)がある。背面は黒褐色，腹面は白い。尾部ははなはだ長くて，むち状。全長1.5メートルに達する。胎生で，1産8尾くらい。食用とするが，アカエイほどには美味でない。

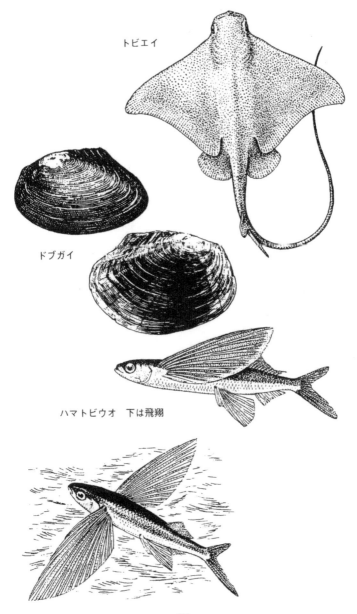

トビエ

トビエイ

ドブガイ

ハマトビウオ　下は飛翔

251

土負貝・溝貝

ドブガイ

ヌマガイとも。イシガイ科の淡水産二枚貝。高さ8センチ，長さ13センチ，幅5センチ。殻は薄くて黒色，幼貝は緑色を帯びる。内面は真珠光沢が強い。日本全土に分布し，池沼の泥底にすむ。胎生で，幼生をグロキジウムといい，かぎ形突起で魚に付着。またタナゴは産卵管でこの貝の中に卵を産む。地方によっては幼貝を油でいためて食用。

富山蝦

トヤマエビ

タラバエビ科の寒海系エビ。日本海，北海道沿岸，千島列島，サハリン，ベーリング海に分布。日本では名の由来になった富山湾，噴火湾，留萌沖などで多産。体長は17センチくらいになり，体色は薄紅色で，褐色の横縞(よこしま)の模様がある。煮ると紅色に，横縞は

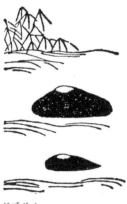

ドブガイ

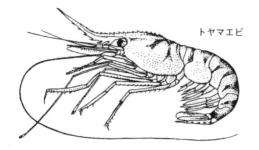

トヤマエビ

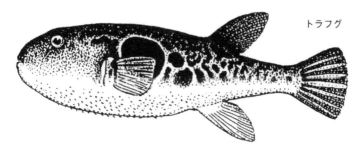

トラフグ

攝州尼崎鳥貝（せっしゅう
あまがさきとりかい）　攝
州は大阪西部と兵庫南東部
に当たる旧国名《日本山海
名物図会》から

濃紅色になる。額角が長くて，頭胸甲の1.5倍くらい。また，第3胸脚が最も長くて頭胸甲の3倍くらいある。深海底引網などで漁獲，むきエビとして出荷。

虎河豚 トラフグ

フグ科の魚。地方名マフグ，モンブクなど。全長70センチ。背面と腹面に小さいとげが密生し，胸鰭の近くの黒紋が顕著。しり鰭が白い。室蘭以南の日本，中国に分布。フグ料理の材料として最上。卵巣や肝臓には強い毒をもつ。春産卵し，旬は冬季。

鳥貝 トリガイ

ザルガイ科の二枚貝。高さ，長さとも9センチ，幅6.5センチ。円形でよくふくらみ，薄質。黄白色で，殻表に殻皮毛列がある。内面は桃紅色。本州〜九州，朝鮮，中国の内湾の泥底にすむ。雌雄同体，産卵期は春秋2回。足は黒紫色で，すし種，干物にして美味。

鈍甲 ドンコ

ドンコ科の淡水魚。地方名はドロボウ，ドロビシなど。全長18センチ。体色は暗緑色だが変異が多い。本州中部以西の日本，朝鮮，台湾，アジア大陸東部などの淡水域に分布。漁獲は少ないが美味。

ドンコ

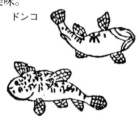

ドンコ

トリガイ

ドンコ

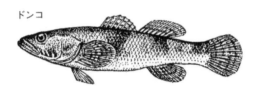

肉

殻

トリガイ

255

川と湖の魚

漁獲《世界図絵》から
（上も同じ）

ナ行

ナ

長昆布　　　　　　　**ナガコンブ**

コンブ科の海藻。日本産の褐藻で最も
長く成長し，30メートルに達する。北
海道の釧路以東，千島列島方面に分布。
収穫量は多くて，長切り昆布にして出
荷する。

長須鯨　　　　　　　**ナガスクジラ**

クジラ目ナガスクジラ科。ヒゲクジラ
の一種で，雌は雄よりやや大きく，体
長27メートルに達する。背面はほぼ黒
色。世界中に分布し，日本では北海道
近海にすむ。オキアミなど小甲殻類を
食べる。行動は敏捷(びんしょう)。1腹
1子。シロナガスクジラに次いで大き

ナガス

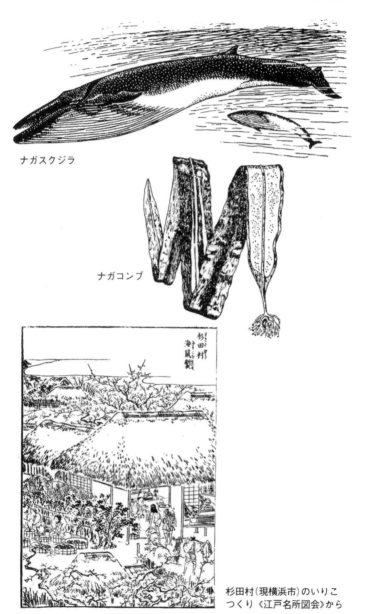

ナガスクジラ

ナガコンブ

杉田村(現横浜市)のいりこ
つくり《江戸名所図会》から

いため以前は母船式捕鯨の主目標で経済上きわめて重要であった。

長柄　　ナガツカ

タウエガジ科の海産魚。ガツナギ，ガタナギ，ガツ，テンズツ，ズナ，ゲンナイタラ，サジ，ガジ，ワラヅカともいう。山陰地方，銚子以北，朝鮮，サハリンに分布。体長60センチ。背鰭に鋭い52～56個のとげがあり，取扱いに注意を要する。産額の多いもので，北海道から多量に東京へ出荷する。卵巣は有毒だが，肉は白身で美味。練製品の原料とする。

海鼠　　ナマコ

棘皮(きょくひ)動物ナマコ綱の総称。体は前後に細長い。前端の口の周囲には触手が発達。歩帯は退化して3対。管足を欠く種もある。強い刺激を受ける

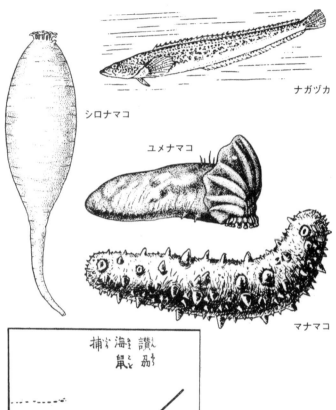

ナマコ

ナガヅカ

シロナマコ

ユメナマコ

マナマコ

讃岐(州)海鼠捕（さんしゅ
うなまことり）　讃岐（香川
の旧国名）沖でのナマコと
り《日本山海名産図会》か
ら

261

と内臓は肛門から排出され，容易に再生する。また総排出腔にカクレウオ（フジナマコ），カクレガニなどが共生することもある。幼生はアウリクラリア。オルドビス紀に出現し，現生約1100種。マナマコ（体長20〜30センチ，日本各地の浅海に生息），キンコなどは生食，いりこ，このわたを製す。

鯰

ナマズ

ナマズ

ナマズ科の魚。全長50センチ。暗褐〜緑褐色。2対のひげがあり，口が大きくて貪食（どんしょく）。日本全土，台湾，アジア大陸東部の淡水域に分布。煮付（すっぽん煮）にして美味。琵琶湖と余呉湖には近縁のイワトコナマズ（全長50センチ）が，琵琶湖の湖底平原にはビワコオオナマズ（全長1メートル）がすむ。味はイワトコナマズが最もよい。

地震ナマズと
要石の古図

あら嬉し大あまた歳事故
御代ゆらぐ事もなき御代を
千代ませんぞ万々歳
新年之人

熬海鼠（いりこ）に制す　ナ
マコをゆでて干していりこ
をつくる《山海名産》から

263

軟体動物　なんたいどうぶつ

無脊椎動物の一門。環形動物の類縁とされる。体は頭(二枚貝類にはない)，内臓囊，足からなり，体の主部は外套(がいとう)膜でおおわれる。多くは貝殻(貝)をもつ。感覚器としては触角，眼が発達し，水生のものは鰓(えら)で呼吸。開放血管系で呼吸色素はヘモシアニン。一般に雌雄異体で卵生だが，同体のもの，性転換するものもある。トロコフォア，ベリジャーの幼生期を経て成体になる。カンブリア紀から出現し，現生約14万8000種。多板類(ヒザラガイ)，無板類(溝腹類とも。カセミミズ)，単板類(ネオピリナ)，腹足類(巻貝)，掘足類(ツノガイ)，二枚貝(斧足類，弁鰓類とも)，頭足類(タコ，イカ)の7綱に分けられる。

軟体動物の体制模式図
a. 殻　b. 外套腔　c. 口
d. 胃　e. 肛門　f. 水管
g. 鰓　h. 足

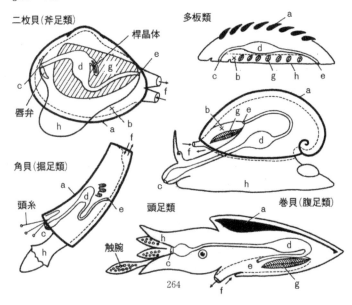

二枚貝(斧足類)　桿晶体　多板類

角貝(掘足類)　頭糸

頭足類　触腕

巻貝(腹足類)

ニ

ニギス　　　　　　　　　　　　　　　似義須・似鱚

ニギス科の海産魚。オキギス，ミギス，トンガリ，ケツネエソ，オキガマス，ハダカウルメ，オキウルメ，オキハゼとも呼ぶ。本州中部以南，長崎，釜山まで分布する深海魚。体長20センチ。体形はキスに似る。口がやや大きく，吻（ふん）は眼径より著しく長く，下顎（かがく）は上顎より突出する。富山湾や日本海南部では相当の漁獲がある。干物にして美味で，またかまぼこの上等原料である。

ニゴイ　　　　　　　　　　　　　　　　　似鯉

コイ科の魚。地方名ミゴイ，マジカ，セイタッポなど。全長45センチ。口辺

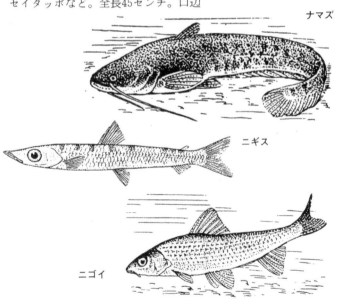

ナマズ

ニギス

ニゴイ

にひげが 1 対。本州，四国，九州北部に分布。平野部の湖沼や大きな川にすみ，汽水域にも下る。産卵期は晩春。小骨が多いが，刺身，てんぷらなどにして食用。近縁種のズナガニゴイ（全長16センチ）は近畿以西の本州に分布。

仁座鯛 **ニザダイ**

ニザダイ科の海産魚。サンノジ，サンノジダイ，ニザ，カッパハゲ，クロハゲ，ハゲともいう。本州中部以南，釜山，沖縄，中国に分布。体長40センチ。体側後方に楯（たて）状突起をかこむ黒紋が 1 列に並び，その数は 4 または 5 個ある。体には微小な鱗がある。皮が強靱（じん）なので，皮をはいで料理する。夏が旬，刺身にして美味。

虹鱒 **ニジマス**

サケ科の魚。全長50センチ（降海型のものは80センチ以上）。背側面には黒斑が多数あり，体側の紫赤色の縦帯は雄に顕著。日本に移殖されている陸封型は北米西部の原産。1877年以来数回

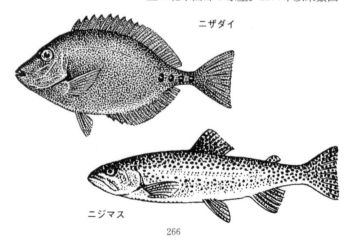

ニザダイ

ニジマス

移殖され，現在では各地に普及している。日本在来のサケ科の魚と違って数年間連続して採卵でき，マスの養殖といえば大体本種をさす。塩焼，フライなどにして食用。冷凍にして米国にも輸出される。

ニシン

ニシン科の魚。地方名カド，カドイワシなど。全長30センチ余。腹部は側扁し，背鰭と腹鰭がほとんど対在する。茨城県以北の北太平洋に分布。また湖沼にすむもの，利根川などに遡上(そじょう)するものもある。寒流性の回遊魚で，春，産卵に接岸する時漁獲されるものが多い。現在の産額は，明治，大正の盛時に比べ激減している。鮮魚として，また身欠きニシン(乾燥品)，燻製(くんせい)，塩漬などにして食用。卵巣は数の子として賞味される。近年はロシアなどからも輸入される。

ニシンと数の子（上）

ニベ

ニベ科の魚。全長60センチ。体は長楕

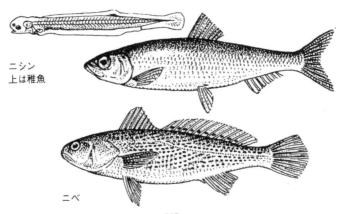

ニシン
上は稚魚

ニベ

ヌカエ

ニベ

円形で，青灰色地に暗色斑が多数。松島湾〜南シナ海に分布。近海の泥底にすむ。大きな耳石をもち，うきぶくろとその付随筋を使って音を出す。冬季美味で，塩焼，かまぼこ原料などにされる。

ヌ

糠蝦　ヌカエビ

甲殻類ヌマエビ科。体長3センチくらい。額角はやや長く，上縁に4〜20個，下縁に1〜6個の小さいとげがあり，長方形の尾節にも側縁に2〜3個，後端に7〜12個のとげがある。体色は淡緑褐色で環境によって変化する。淡水産で中部以北の本州各地の水草の間などに群生。干エビにして利用。

沼田鰻　ヌタウナギ

ヌタウナギ科の円口類。本州中部以南の日本の各地や朝鮮南部沿岸に分布している。体長60センチ。鰓裂は6対（まれには7対）ある。眼には水晶体と虹彩がなくて，外部からは見えない。食用とすることもあり，肝臓と心臓は美味とされる。ヤツメウナギの代用品とされ，またウナギのあまりとれない日本海沿岸の北部で，蒲焼(かばやき)にして食べた。

沼蝦　ヌマエビ

淡水または汽水に生息するヌマエビ科の小エビ類の総称。本州中央部の太平洋側に分布する。最も普通な種類はヤマトヌマエビで，体長は35ミリくらい。

ヌマエ

ヌカエビ

ヌタウナギ

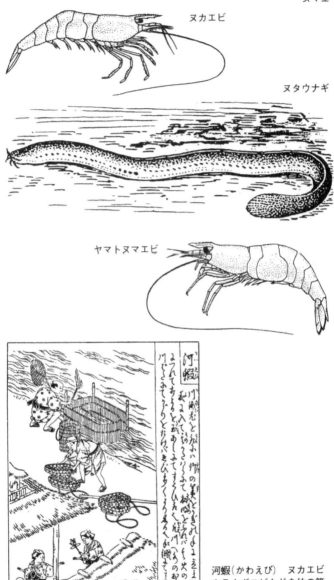

ヤマトヌマエビ

河蝦（かわえび）　ヌカエビ
やテナガエビなどを竹の簀
立（すだて）でとる《日本山
海名物図会》から

269

ヌマガ

体色は青緑色で黒褐色の縦すじがある。伊豆半島から台湾，小笠原諸島に分布するトゲナシヌマエビは体長25ミリくらい。いずれも水草のよく茂った所の水底に生息。たくさん採れる所では干エビにして食用に，または魚の釣餌にする。

沼鰈　**ヌマガレイ**

カレイ科の海産魚。カワガレイ，タカノハともいう。北太平洋に広く分布，日本では北海道，本州北部に見られる。カレイ類では眼が体の右側にあるのが普通であるが(左ビラメ右カレイ)，本種では産地により差があるが，左に眼があるものが多く日本産では100％左側にある。体長35センチで，体面にはこぶ状物が散在している。あまり美味ではない。

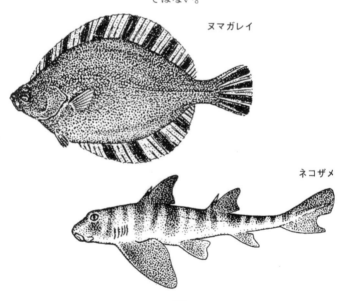

ヌマガレイ

ネコザメ

ネコアシコンブ　　　　　　　　　　　　　猫足昆布

褐藻類コンブ科の海藻。北海道東部の
太平洋岸に分布する。葉面は線状で,
長さ2〜4メートル, 幅4〜5センチ,
厚さ2ミリ。暗褐色の革質で中脈はな
い。下部に多数の根状突起があり, ネ
コの足に似る。上等ではないが, 食用
にする。また, ヨード製造の原料にす
る。

ネコザメ　　　　　　　　　　　　　　　　猫鮫

ネコザメ科の海産魚。ネコ, サザエワ
リ, サザエワニともいう。本州中部以
南の日本各地や朝鮮南部に分布。沿岸
の海底に生息, 卵生である。3〜4月

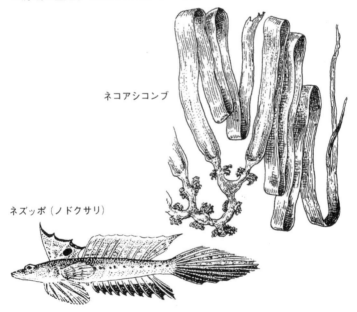

ネコアシコンブ

ネズッポ（ノドクサリ）

に産卵。卵殻は角質で大きく，らせん状にねじれ，両端はとがっている。顔がネコに似ている。歯が強くてサザエの殻などをもかみ砕いて食べる。全長1.2メートル。第1，第2両背鰭の前端にそれぞれ大きなとげが1個ある。肉は惣菜（そうざい）用になり，かまぼこの原料になる。

鼠坊　　　　　　　　　**ネズッポ**

ネズッポ科の魚の一群の総称。ノドクサリ（別名ネズミゴチ）が最も普通で，これは地方名が多く，ナメラゴチ，テンコチ，メバゴチなどとも。全長23センチ。雄では第1背鰭の周辺部，しり鰭の下半が黒色。雌は第1背鰭の黒斑が顕著。日本各地の沿岸に多い。底引網などで漁獲され，てんぷら材料などにされる。日本付近にはほかに，アイノドクサリ，トビヌメリなど。

鼠海豚　　　　　　　　**ネズミイルカ**

クジラ目ネズミイルカ科で小型の，くちばしのないイルカ。大西洋，太平洋の北部に分布。各地の沿海に数匹から100匹くらいの群をなす。大河を遡上

ネズミイルカ

することもある。体長1.5～1.8メート
ル。吻(ふん)は丸い額となめらかに続
く。背鰭は低く三角形，胸鰭は小さく
ほぼ卵形。体の背面は灰ねずみ色また
は黒で腹面は白い。胸鰭と尾鰭は灰黒
色または黒色。夏交尾し，妊娠期間は
約1ヵ年。日本では北海道，東北近海
で捕獲され，食用に供された。

ネズミザメ　　　　　　　　　　鼠鮫

ネズミザメ科の海産魚。サケザメ，ラ
クダザメ，モウカとも呼ばれる。やや
冷たい水を好み，北日本から北アメリ
カ西岸にわたって分布している。体長
3メートル。体色はやや赤黒い。体の
下面に黒褐色の斑点があり，吻(ふん)が
短く，先端は丸い。表層近くにいて，
背鰭と尾鰭上端を水面上に出して泳ぐ
ことが多い。胎生で2～3月に1産4
～5尾。肉は美味で惣菜用にする。

ネンブツダイ　　　　　　　　　念仏鯛

テンジクダイ科の海産魚。アカジャコ，
ナミノコ，モチウオ，イシモチともい
う。本州中部以南，中国，フィリピン
に分布。体長15センチ。体色は赤みを

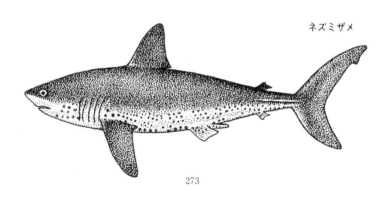

ネズミザメ

273

帯び，眼の上と眼を通る黒色線と尾柄の黒色点が目立つ。夏産卵し，雌雄とも卵塊を口内に含んで保護するマウスブリーダーである。つみれ汁などにする。

ノ

鋸蝤蛑　　　ノコギリガザミ

ワタリガニ科の海産のカニ。相模湾以南，太平洋，インド洋に分布。甲の形が扇形で，甲幅が20センチになる。ガザミと同じように甲の前の縁に9個のぎざぎざがある。伊豆半島や瀬戸内海で漁獲が多い。また台湾や東南アジアで最も重要なカニで，高価で養殖が盛んである。抱卵した雌は特に食用として珍重される。

ノコギ

ネンブツダイ

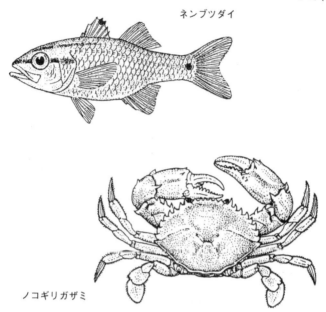

ノコギリガザミ

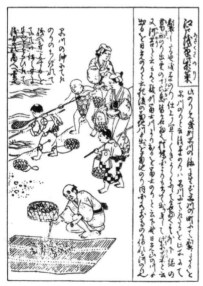

江戸浅草紫菜（えどあさく
さのり）　品川（東京）で海
苔をとる《山海名物》から

ノコギ

鋸鮫　　　　　ノコギリザメ

ノコギリザメ科の魚。地方名ダイギリ，ノコブカなど。全長1.5メートル。長い鋸(のこぎり)状の吻(ふん)を特徴とし，体色は灰褐色。北海道〜東シナ海，朝鮮に分布する。卵胎生。沿岸の海底にすみ，吻で泥を掘り起こして小動物を捕食する。かまぼこ原料として上等。

海苔　　　　　ノリ

食用とする柔らかな葉状の藻類の俗称。ふつう，干し海苔(浅草海苔)をいう。材料の大部分はアサクサノリで，アマノリやアオノリなども加えられる。生長したノリを摘みとり刻んで四角い簀(す)に流しこみ，天日または火力乾燥する。干し海苔はあぶって焼き海苔とし，みりんや醬油を塗って味付海苔などにもする。生ノリは刺身のつまなどに用い，佃(つくだ)煮のりはアオノリなどを煮たものが多い。淡水産のものにはスイゼンジノリ，芝川ノリ(静岡)，大谷川ノリ(栃木)などがある。一般にビタミンA，B_1，C，カルシウム，鉄などの無機物に富み栄養価は高い。ノリの養殖は日本特有の技術で，江戸時代に東京湾で始められたという。秋，海水温度が20℃前後のころ，ノリ簰(ひび)を設置して，海中に浮遊している胞子を付着させる。胞子は発芽・生長して幼ノリとなり，さらに胞子を発生しながら寒くなるにつれ葉状に生長する。これを収穫。漁期は冬。栄養塩類を多く含み，しかも潮の干満の差が少ない静穏な浅海が適所。

ノリ

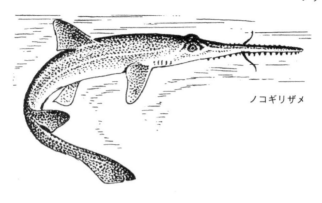

ノコギリザメ

海苔跡条並立海及海苔採之図

ノリの収穫

干し海苔の調製
《風俗画報》(上も同)

277

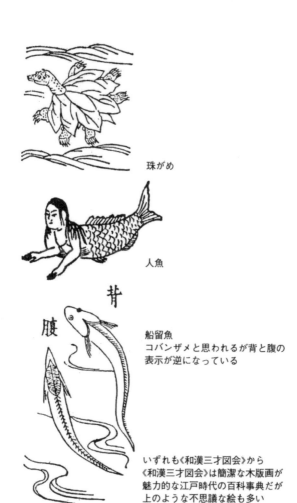

珠がめ

人魚

船留魚
コバンザメと思われるが背と腹の
表示が逆になっている

いずれも《和漢三才図会》から
《和漢三才図会》は簡潔な木版画が
魅力的な江戸時代の百科事典だが
上のような不思議な絵も多い

八行

ハ

蝛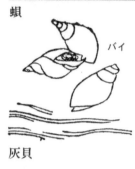

バイ

バイ

バイ科の巻貝。高さ7センチ，幅4セ
ンチ。成貝の殻表は黒褐色の殻皮でお
おわれ，斑紋が見えないことが多い。
房総半島〜九州，朝鮮の浅海の砂底に
すむ。肉食性。魚肉等を入れたバイか
ごで集めて採取し，肉は食用，殻は貝
細工やこま（べいごま）に用いる。

灰貝

ハイガイ

フネガイ科の二枚貝。長さ3センチ，
高さ3センチ，幅2.5センチ，殻表に
は17〜18条の節のある肋が走り，灰黄
色の殻皮でおおわれる。内面は白色。
三河湾以南の西太平洋，インド洋に分
布し，潮間帯の泥底にすむ。産卵期は
8〜9月。食用。養殖もされる。殻を
焼いて貝灰を作ったので灰貝の名があ
る。

馬鹿貝

バカガイ

バカガイ

バカガイ科の二枚貝。高さ6.5センチ，
長さ8.5センチ，幅4センチ。殻はハ
マグリに似るが，薄手で黄褐色の殻皮
でおおわれる。成長脈は殻頂の前後で
明らか。北海道〜九州，朝鮮，中国沿
岸の潮間帯付近の砂底にすむ。むき身
を青柳（あおやぎ）といい，貝柱とともに，
すし種，鍋物などに用い，干物にもす
る。

歯鰹

ハガツオ

サバ科の海産魚。キツネガツオ，キツ
ネ，トウサン，ホウサン，スジガツオ，

280

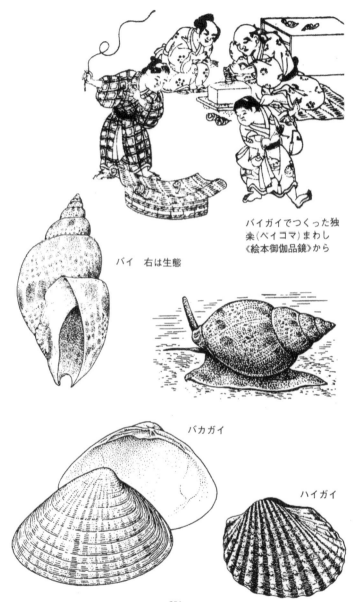

ハガツ

バイガイでつくった独
楽（ベイコマ）まわし
《絵本御伽品鏡》から

バイ　右は生態

バカガイ

ハイガイ

281

ハコエ

サバガツオともいう。暖海に広く分布
し，日本では本州中部以南，九州には
特に多い。沿岸の表層近くに生息，と
きに大群をなす。全長1メートル。カ
ツオに似ているが，体がやや側扁し，
背方に数個の縦走線があり，口が大き
く，上下の顎の歯が強く，口蓋(こうが
い)骨に1列の強い円錐歯がある。肉は
やや柔らかいが，カツオより本種のほ
うを好む人もある。

箱蝦

ハコエビ

イセエビ科の海産エビ。インド洋，西
太平洋に広く分布し，日本近海では相
模湾，山陰地方以南，東シナ海の深さ
30～200メートルの泥質の海底に生息。
体長は35センチ，触角を入れると60セ
ンチくらいになる。全体が美しい赤色
で，両側に黄色い模様がある。第2触
角が太くて短く，自由に曲がらない。
色が美しく，姿がりっぱなので，イセ
エビの代用とされるが，肉量が少なく，
味も劣る。

ハコエビ

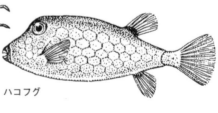

ハコフグ

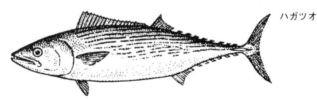

ハガツオ

ハコフグ　　　　　　　　　　　　箱河豚

ハコフグ科の魚。全長45センチ。フグ
科の魚とちがい無毒。体は多数の骨板
からなる堅い甲でおおわれる。北海道
以南の太平洋に分布し，沿岸に多い。
甲は焼けば容易にはがれ，食用にする
地方もある。

バショウカジキ　　　　　　　　芭蕉梶木

マカジキ科の海産魚。単にバショウ，
スギヤマ，バンバ，オバ，ハウオとも
いう。東北地方以南，台湾まで分布し，
九州近海に多い。全長2.5メートル。
第1背鰭が体高より著しく高く，広げ
ると美しい。腹鰭もはなはだ長い。肉
はマカジキより色が濃く，赤だいだい
色を呈する。夏と秋に美味。味はマカ
ジキには劣る。刺身にし，また魚肉ソ
ーセージの原料にする。

ハス　　　　　　　　　　　　　　鰷

コイ科の魚。地方名はケタ，ケタバス
など。全長30センチ。雄は一般に雌よ
りも大きく，しり鰭が著しく伸長。上

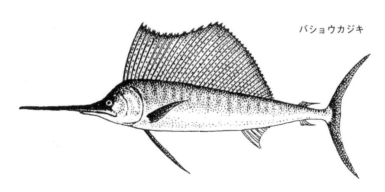

バショウカジキ

下の顎がへの字形に曲がっている。琵琶湖・淀川水系，福井県三方湖とそれに注ぐ河川に分布。近年他の河川で見られるものは，移植によるものが多い。塩焼，刺身などにする。旬は初夏。

沙魚・鯊

ハゼ

ハゼ

ハゼ科の魚マハゼの略称，またはハゼ科の総称。マハゼは全長25センチ（まれに30センチ）。本州～朝鮮，華南，海南島に分布。内湾や河口に多く，暖かい季節に淡水域に遡(さかのぼ)るものもある。底生小動物や藻類を食べる。1～5月に泥底に穴を掘って産卵。てんぷら，甘露煮などにして賞味され，また釣の対象魚として東京湾，松島湾などでは人気がある。ハゼ科はほかに淡水ではヨシノボリ，チチブなど，沿岸ではドロメ，アゴハゼなど種類が多い。

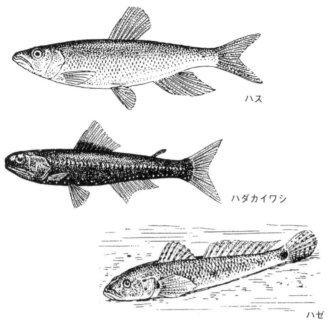

ハゼ

ハス

ハダカイワシ

ハゼ

納涼の川遊びの様子
左の舟はハゼ釣り
《絵本御伽品鏡》から

裸鰯 ハダカイワシ

ハダカイワシ科の魚の総称。すべて深海性。豆ランプのような発光器を体表にもつ。種類も個体数も多く，夜間に浮上するものもあって，魚類や海獣の食物として水産上重要。概して全長20センチ以下の小魚が多い。この科の一種であるハダカイワシは全長20センチ，体は淡黒色で下顎に3個の黒い横帯がある。相模湾などで多量に漁獲されることがあり，惣菜（そうざい）用のほか，はんぺんの原料にされる。

旗立鯛 ハタタテダイ

チョウチョウウオ科の海産魚。イトヒキ，チョウゲンバト，チョウチョウウオ，ノボリダイ，キョウゲンバカマ，マブシ，ヤリカタギともいう。本州中部以南，インド洋，ポリネシア，オーストラリア東岸の熱帯，亜熱帯部沿岸に分布。体長20センチで，背鰭第4棘（きょく）が延びていて，その長さは体長より長い。水族館の人気者である。美味ではないが，沖縄では練製品に利用。

鰰・鱩 ハタハタ

バフンウニ

ハタハタ科の魚。地方名カタハ，シロハタ，ハタなど。全長22センチ。体に

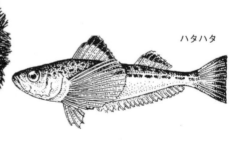

ハタハタ

286

は鱗がない。北洋～東北地方の太平洋岸，日本海に分布。普通水深150～400メートルの砂泥底にすむが，初冬の産卵期には水深2メートルぐらいの海藻の多い沿岸に来遊。秋田県，山形県の名産だが，山陰地方でも多量にとれる。煮付，塩焼，粕(かす)漬，干物などにする。また，しょっつるの原料になる。卵は「ぶりこ」として喜ばれる。

ババガレイ　　　　　　　婆婆鰈

カレイ科の海産魚。アブクガレイ，ブタガレイ，アワフキ，ナメタ，ウバガレイ，オバガレイ，メッタともいう。千島列島南部やサハリンから太平洋側では駿河湾まで，日本海側では福岡，釜山，および中国山東省の煙台まで分布。体長は40センチを越え，口が小さく，肉に厚みがあり，体表がぬるぬるしている。煮付などにして美味。

バフンウニ　　　　　　　馬糞海胆

棘皮(きょくひ)動物オオバフンウニ科。殻径4センチ，高さ2センチくらいで上下にやや平たい。とげは細くて短い。全体は暗緑色だが，とげは時に赤みを帯びる。産卵期は3～4月。本州～九州の潮間帯付近の岩礫(がんれき)底に普

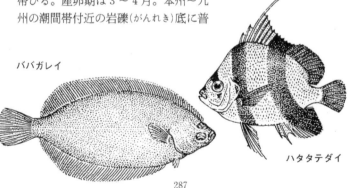

ババガレイ

ハタタテダイ

287

蛤

ハマグリ

通にみられ，雲丹(うに)の原料として
最も優良とされる。

ハマグリ

マルスダレガイ科の二枚貝。高さ6.5
センチ，長さ8.5センチ，幅4センチ。
殻表は黒褐～白色，2放射帯のあるも
のなど個体によって異なる。内面は白
色。北海道南部～九州の内湾の潮間帯
付近の砂地にすみ養殖もされる。潮干
狩の獲物とされ，吸物，佃(つくだ)煮な
ど重要な食用貝。これに似たチョウセ
ンハマグリは外洋の砂底にすむ殻の厚
い種類で，前種よりやや大きい。肉は
ハマグリと同様に食用，殻は碁石の白
石にされ，宮崎は有名な産地であった。
近年は食用に韓国からシナハマグリが
輸入される。

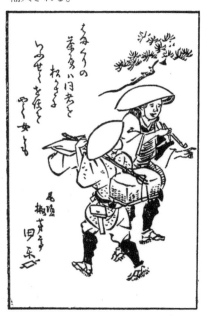

焼蛤を売る富田の茶屋
《東海道中膝栗毛》から

ハマグ

ハマダイ

ハマグリ

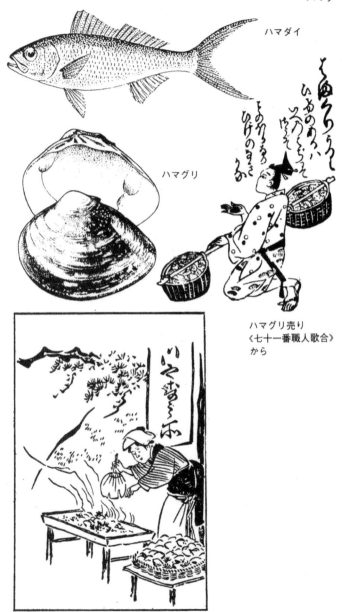

ハマグリ売り
《七十一番職人歌合》
から

浜鯛

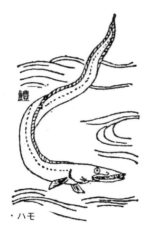

鱧

・ハモ

ハマダイ

フエダイ科の海産魚。オナガ，ヘエジ，ヒダイ，アカマチともいう。本州中部以南，沖縄，ハワイ，西インド諸島などに分布。体長1メートル。体色は背が鮮紅色で，側線から下方は急に淡く，かつ銀白の光沢を帯びる。尾鰭の上下両葉が延びている。数百メートルの深度の所で釣れる。肉は白く美味。

ハモ

ハモ科の魚。地方名ハム，ジャハム，ウニハモなど。全長2メートル，ウナギやアナゴに似て細長く，鱗はないが，歯が大きくて鋭い。本州中部以南の太平洋，アフリカ東岸に分布。水深50メートル以浅の砂泥底や岩礁の間にすむ。夏美味で，特に関西では椀種，照焼，湯引(ゆびき)などとして用いられる。

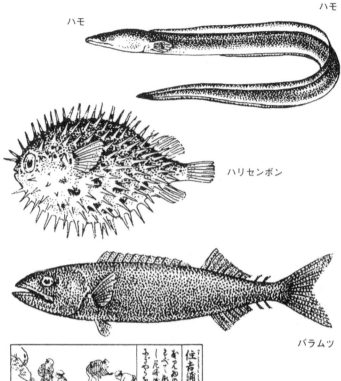

ハモ

ハモ

ハリセンボン

バラムツ

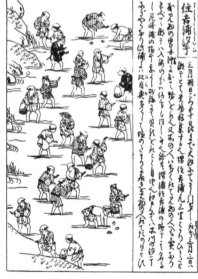

住吉浦汐干(すみよしうら
しおひ)　3月3日に大阪
湾でハマグリなどをとる群
衆《日本山海名物図会》か
ら

バラム

—鱫　　　　　　　　バラムツ

クロタチカマス科の海産魚。アブラウ
オともいう。世界中の暖海に分布して
いる。体長1.5〜2メートル，最大3
メートル。体色は紫褐色で，死後暗褐
色に変じる。皮膚はとげっぽくて，は
なはだ粗雑，腹面には堅い隆起縁があ
る。肉は油気が多く，食べすぎると下
痢をする。沖縄でインガンダルミとい
うのは胃がたるむという意。練製品の
材料にする。

針千本　　　　　　　ハリセンボン

ハリセンボン科の魚。地方名バラフグ，
ハリフグ，カゼフグなど。体表は，強
くて長いとげでおおわれ，歯は癒合
（ゆごう）して歯板となる。全長40センチ。
無毒でかなり美味とされる。世界中の
暖海に分布し，日本では全長15センチ
以下の幼魚が大群をなして現われ，漁
業の障害になることがある。

ヒ

柊　　　　　　　　　ヒイラギ

ヒイラギ科の魚。地方名ギチ，ニロギ，
ネコナカセなど。全長15センチ。体は

ヒイラギ

ヒガイ

292

側扁して銀白色。本州中部〜朝鮮南部，オーストラリアに分布。内湾に多く，川へ遡ることもある。前上顎骨と額骨をすり合わせて音を発する。肉量が少なく，鰭のとげが鋭いが，一部の地方では美味とする。

ヒオウギガイ 　　　　　檜扇貝

イタヤガイ科の二枚貝。高さ12センチ，長さ12.5センチ，幅3センチ。扇形で放射肋の上に鱗状の突起があり，色は褐色が多いが，朱，紫，黄白色のものもある。房総半島以南の西太平洋に分布し，潮間帯下の岩礁に足糸で付着する。肉は食用，殻は飾物に利用。

ヒガイ 　　　　　　　　鰉

コイ科の魚。地方名サクラバエ，メアカ，アカメなど。雄は暗灰色，背鰭は灰色。雌は黄味が強く体側に黒色縦帯がある。全長20センチ。愛知県以西九州北部の原産だが，現在は関東地方の河川・湖沼，諏訪湖，北上川などにも移殖され，ふえている。砂底にすみ，底生小動物を捕食。カラスガイなど二枚貝の外套腔(がいとうこう)に産卵する。美味。明治天皇が愛好したので鰉の字を当てる。

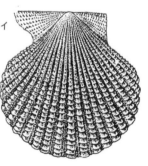

ヒオウギガイ

ヒオウギガイ
に近縁のアズ
マニシキ

彼岸河豚　　　　　　ヒガンフグ

フグ科の海産魚。ナゴヤフグ，アカメ
ともいう。北海道から朝鮮半島，沖縄，
中国の長江河口付近に分布。体長35セ
ンチ。体はずんぐりし，体表にとげは
なく，いぼ状の小隆起がある。背は褐
色で，黒い斑紋がある。腹は白い。春
の彼岸ごろ産卵し，そのころ相当量と
れるのでヒガンフグと呼ばれる。卵巣
などに猛毒をもっているが，料理に用
いる。

髭鯛　　　　　　　　ヒゲダイ

イサキ科の海産魚。ナベワリ，クロメ，
トモモリ，トモシゲ，タノキヅラ，カ
ヤカリともいう。本州の中部から南部
まで分布。口辺に肉質ひげ状物が発達
している。全長50センチ。夏に美味で，
刺身にもなる。

火皿貝　　　　　　　ヒザラガイ

軟体動物多板類の総称。背上に8枚の
殻が前後に並び，そのまわりに肉帯が

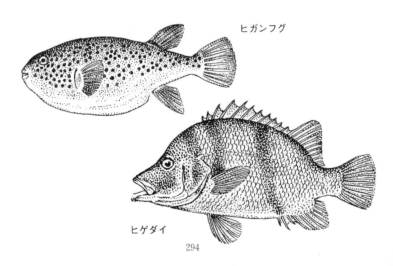

ヒガンフグ

ヒゲダイ

ある。全体は楕円形。鱗や小棘（きょく）でおおわれることが多い。頭部には眼も触角もなく，外套腔（がいとうこう）に鰓（えら）が並ぶ。肛門は後方。多くは潮間帯付近の岩礫（がんれき）底にすみ，日本に90種。磯物として利用。

ヒジキ

鹿尾菜

ヒジキ

褐藻類ホンダワラ科の海藻。日本の太平洋沿岸，瀬戸内海，東アジアなどに広く分布し，潮間帯下部に大きな群落をつくる。糸状の根は岩面をはい，その所々から直立した茎を出す。茎は高さ0.3〜1メートル，多数の円柱状肉質の小枝をつける。春に採取し，ゆでてから乾燥して保存，食用。

ビゼンクラゲ

備前水母

根口クラゲ目ビゼンクラゲ科。傘（かさ）は半球状で直径20〜30センチ，ときに50センチに及ぶ。寒天質は厚くて堅い。8本の口腕には多くの付属器と触手がある。本州中部〜九州の太平洋

ビゼンクラゲ

ヒザラガイ

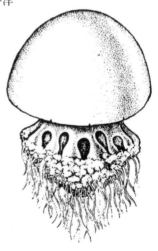

岸，朝鮮，台湾に産する。かつて瀬戸内海でたくさんとれた。食用。

一重草　ヒトエグサ

緑藻類ヒトエグサ科の海藻。関東以南の暖海域に分布。入江などの岩，杭やノリ簀（ひび）などの上に群生する。体形はほぼ円形，またはやや長い。大きさは4～10センチで，ひだが多く，周縁は波状をなし，黄緑色で光沢がある。アオサなどに比べて柔らかい。海苔の佃（つくだ）煮の原料や，干海苔にもする重要な海藻である。

比売知　ヒメジ

ヒメジ科の魚。地方名ヒメ，ヒメイチなど。全長15センチ。背側面は赤く，腹面は白い。下顎に2本のひげがある。日本～フィリピン，アフリカ東岸に分布。近海の砂泥底にすむ。煮付，てん

備前水母（びぜんくらげ）
右図は舟から網でクラゲをすくうところ　備前は岡山南東部《日本山海名産図会》から

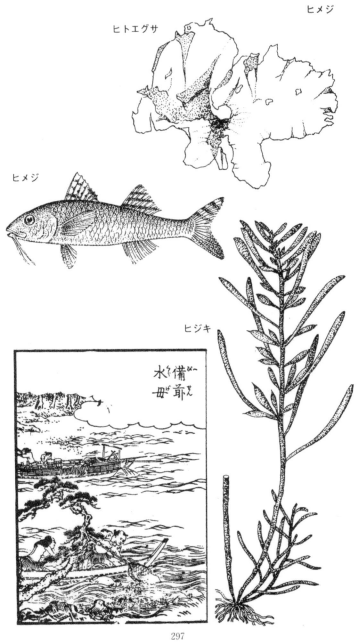

ヒメジ

ヒトエグサ

ヒメジ

ヒジキ

水＜備が一
母が爺え

297

ぷらなどにして美味。かまぼこの材料
にもなる。

姫鯛　　　　　　**ヒメダイ**

フエダイ科の海産魚。チビキ，オゴ，
コマス，ホンチビキ，チイキともいう。
本州中部からインド洋，ハワイへ分布。
数十メートルより深い所に生息。体長
40センチ，体色は全体に赤っぽく，背
は灰紫赤色で腹は薄い。一本釣などで
漁獲され，肉が白くて美味。刺身，椀
種，塩焼，すしにする。

平政　　　　　　**ヒラマサ**

アジ科の魚。地方名ヒラス，ヒラソな
ど。全長1メートル余。ブリに似るが
体の厚みが小さく，体側中央の縦帯は
濃い黄色。太平洋側では岩手県，日本
海側では青森県以南〜九州に分布。日
本海に多い。美味で刺身などにする。

平目・鮃　　　　**ヒラメ**

ヒラメ科の魚。地方名ソゲ，オオクチ
ガレ，テックイなど。全長80センチ。
「左ヒラメの右カレイ」といわれ眼は普
通，左側。体は平たく有眼体側は暗褐
色で砂に似た斑紋が散在する。サハリ
ン，千島列島〜東シナ海に分布，近海
の砂泥底にすむ。春，接岸して産卵す
る。冬季はなはだ美味。刺身，塩焼，
フライ，煮付，すしなどにする。

鰭　ひれ

魚類をはじめ多くの水生脊椎動物にみ
られる運動器官。体壁から突出する扁
平な構造で，オールと舵(かじ)の両方
の役割を果たす。胸鰭，腹鰭などのよ
うに体側に対をなして生じる偶鰭と，

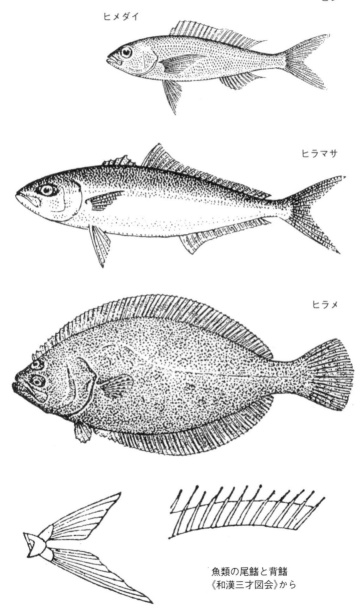

ヒレ

ヒメダイ

ヒラマサ

ヒラメ

魚類の尾鰭と背鰭
《和漢三才図会》から

背鰭，しり鰭，尾鰭などのように正中線に沿って生じる奇鰭に分けられ，前者は陸上脊椎動物の四肢と相同。魚類の鰭では基部に担鰭骨があり，それから鰭条が放射状または並行に出て鰭の膜状部を支持する。脂鰭（あぶらびれ）はこれら支持物を備えない鰭のこと。

鰭黒

ヒレグロ

カレイ科の海産魚。オイラン，オキオバ，ヤナギガレイ，ヤナギッパ，オキヤナギ，クマヤナギともいう。日本海と太平洋側は千島列島以南，銚子までに分布。体長35センチ。無眼側の頭部に粘液腔が発達して，でこぼこが著しく，また無眼側がまっ白でない。体の厚みがババガレイより少ないが，干物にして美味。

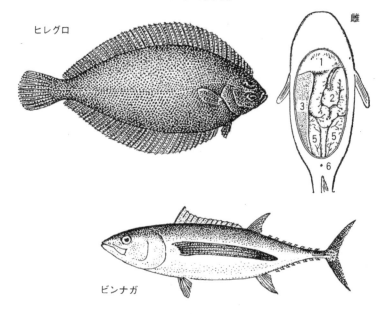

ヒレグロ

雌

ビンナガ

ビンナガ　　　　　　　　　　鬢長

サバ科の魚。地方名ビンチョウ，トン
ボ，コビンなど。小型のマグロで全長
1メートル。胸鰭が長い。世界中の暖
海に分布する。日本では春〜夏に北上
して東北海区に達し，秋〜冬に南下す
る。日本海には少ない。近海では一本
釣や延縄（はえなわ）で，遠洋では延縄で
漁獲。肉色に赤みが少なく，すしには
ほとんど使われない。油漬缶詰などに
して食用にされ米国にも輸出される。

フグ　　　　　　　　　　　　河豚

フクとも。狭義にはフグ科の魚の総称。
広義にはハコフグ科の魚やハリセンボ

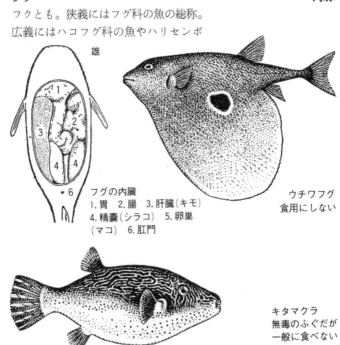

雄

フグの内臓
1.胃　2.腸　3.肝臓（キモ）
4.精嚢（シラコ）　5.卵巣
（マコ）　6.肛門

ウチワフグ
食用にしない

キタマクラ
無毒のふぐだが
一般に食べない

301

フジツ

フグ

ン科などを含めて総称することもある。フグ科は日本産約25種，トラフグ，マフグ，ショウサイフグ，ナシフグ，ヒガンフグなどが食用とされる。いずれも上下顎にそれぞれ2枚ずつの歯板があり，また胃にある袋に水または空気を入れて体をふくらませることができる。フグ毒はテトロドトキシンといわれ，種類によって差があるが，主として卵巣，肝臓などに含まれる。刺身，ちり鍋などに料理するほか，干物もつくる。食用の歴史はきわめて古く，各地の貝塚から骨が出土している。

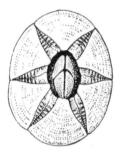

フジツボ
左からカメフジツボ，
シロスジフジツボ，
クロフジツボ

フジツボ

甲殻類蔓脚（まんきゃく）類に属する海産
の節足動物。体は堅い石灰質の殻にお
おわれ，円錐形。大きさは1〜5セン
チくらいのものが多い。つる状の胸脚
を伸ばして水流を起こし，プランクト
ンを食べる。ふつう岩礁にはクロフジ
ツボ，イワフジツボ，大謀網の浮子
（うき）などにはアカフジツボ，ノリ篊
（ひび）などにはシロスジフジツボが，
いずれも群をなして固着する。船底に
ついて船の速度を遅れさせたり，カキ
やアコヤガイの養殖貝について発育を

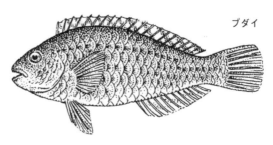

ブダイ

フグ
上左　マフグ
上右　シマフグ
中　　トラフグ
下左　ハコフグ
下中　クサフグ
下右　イトマキフグ

ブダイ

妨げたりする。クロフジツボなどは美味。茹でて食べる。

武鯛・不鯛　**ブダイ**

ブダイ科の魚。地方名イガミ，エガミなど。全長60センチ。鱗が大きい。背面は青みを帯びた褐色で，雄は青みが強く，雌は赤みが強い。本州中部以南，朝鮮，沖縄に分布し，岩礁付近に生息。同科のアオブダイは全長80センチ，歯は青緑色で大部分が露出する。前種より南方にまで分布。両種とも食用，磯釣の対象魚として人気がある。

鮒　**フナ**

フナ

コイ科の魚。コイに似るが口ひげのない点で区別される。背面は緑褐〜灰褐色。腹面は淡い。体長20〜40センチ。アジアの温帯部に広く分布し，山間の渓流部を除く河川や湖沼にすむ。冬は水底に静止し，春活動を開始。小型の甲殻類，昆虫，植物などを食べる。分類学上，論議の多い魚。最も大型になるゲンゴロウブナ，ほとんど日本全土に分布し，関東で釣の対象として喜ばれるギンブナ（マブナ），関東以北の本州に多いキンブナ（キンタロウ），琵琶湖特産でふなずしに用いられるニゴロ

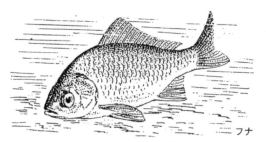

フナ

ブナ，諏訪湖に多いナガブナ（アカブ
ナ）などがある。いずれも食用となる。
テツギョやキンギョはフナから変化し
たものといわれる。

フノリ

紅藻類フノリ科フノリ属の海藻の総称。
日本近海にはフクロフノリ，ハナフノ
リ，マフノリの3種が生育。フクロフ
ノリは日本各地沿岸の潮間帯上部に分
布し，体は円柱状中空で，高さ5〜10
センチ，不規則に叉状(さじょう)に分岐
する。ハナフノリは分布が太平洋沿岸，
瀬戸内海，九州地方に限られ，体は小
型で高さ2〜3センチ，枝が密に接し
て塊状となる。マフノリはホンフノリ
ともいい，黒潮暖流の影響の強い日本
中部以南の沿岸にのみ生育。体は円柱
状または扁平で，高さ10〜20センチ，
かなり規則正しく叉状に分岐する。3
種とも糊料とされる。食用にもする。

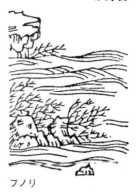

フノリ

ブリ

アジ科の魚。地方名が多く，また大き
さによっても名が異なる。たとえば東
京でワカシ，イナダ，ワラサ，ブリ，
大阪でツバス，ハマチ，メジロ，ブリ
など。全長110センチ。体はあまり側

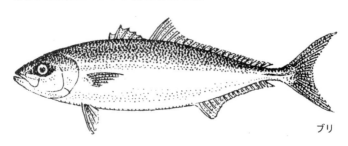

ブリ

鰤追網

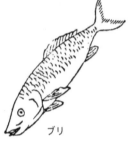

ブリ

鰤追網（ぶりおいあみ）　浜
の轆轤（ろくろ）で網を引く
《山海名産》から

鰤追網　其二

扁せず，紡錘形に近い。背面は暗青色，腹面は銀白色で，体側中央に黄色の縦走帯が1本。日本各地〜朝鮮沿岸に分布。春，産卵する。全長10センチぐらいまでの幼魚（モジャコ）は流れ藻について生活する。おもに沿岸の定置網，釣，巻網などで漁獲。刺身，塩焼，照焼等で賞味される。寒ブリは特に美味。近年モジャコを採集して養殖も行なわれるようになり，1年くらいのうちに市場に出るものは養殖の盛んな関西の地方名をとり，東京でもハマチと呼ばれる。

へ

平鯛　　ヘダイ

タイ科の海産魚。ラッタイ，コキタイ，

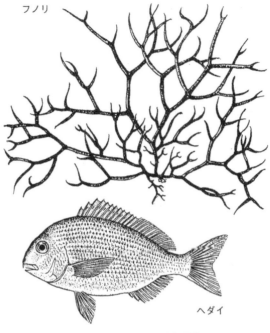

フノリ

ヘダイ

鰤立網（ぶりたてあみ）　沖
に張った立網を船に引上げ
る作業《山海名産》から

ベニザ

マナジ，シラタイ，ヘジヌ，ヒョウダ
イ，セダイ，スツボ，ギンダイ，ヘイ
ジダイともいう。日本中部以南，イン
ド洋，紅海，オーストラリア東岸，ニ
ューカレドニアに分布。体長40センチ，
体色はやや青みを帯びた銀白色。鱗の
中心部が黄褐色で，これが連続し線状
に見える。腹鰭としり鰭は黄色。クロ
ダイのように磯くさくなくて美味，刺
身，塩焼，煮付にする。

紅鮭　　　　　　　ベニザケ

ベニサケ，ベニマスとも呼ぶ北方型の
サケ科の魚。北太平洋に生息。カムチ
ャツカ，ベーリング海から北アメリカ
西岸などに多い。全長50センチ，最大
90センチになり，サケ・マス漁中の重
要種。ヒメマスは本種の陸封種。阿寒

ベラ　下　オハグロベラ
右上　ササノハベラ
右下　ニシキベラ

ベニザケ

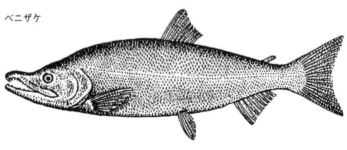

湖などの原産で，現在日本各地の湖沼
に移殖され繁殖。ともに塩焼，フライ，
燻製(くんせい)などにして美味。

ベラ　　　　　　　　　　遍羅・倍良

ベラ科の魚の総称。普通ベラ科中，最
も美味で産額も多いキュウセンをさす
ことが多い。日本近海産のベラ類はカ
ンダイを除くと一般に小型だが，熱帯
や南半球には全長数十センチの大型種
もいる。体は紡錘形で側扁し，体色の
美しいものが多い。ササノハベラ，ニ
シキベラなど。

ホウボウ　　　　　　　　　　鮄鮄

ホウボウ科の魚。全長40センチ余。北

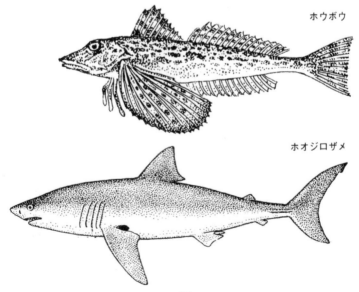

ホウボウ

ホオジロザメ

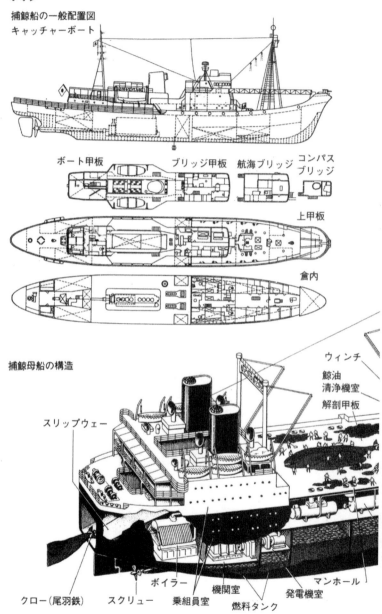

ホオジ

捕鯨船の一般配置図
キャッチャーボート

ボート甲板　　ブリッジ甲板　航海ブリッジ　コンパス
ブリッジ

上甲板

倉内

捕鯨母船の構造

ウィンチ

鯨油
清浄機室

解剖甲板

スリップウェー

クロー(尾羽鉄)　スクリュー　ボイラー　乗組員室　機関室　燃料タンク　発電機室　マンホール

312

海道南部～台湾，ニュージーランドに
分布。胸鰭の下部の3軟条が指状に分
離する。胸鰭は大きく，基部は淡緑色
で縁辺は鮮青色。体は帯紫灰色で不規
則な暗褐色斑がある。うきぶくろで音
を出す。塩焼などにして美味。

ホオジ

ホウボウ

ホオジロザメ

頬白鮫

ネズミザメ科の魚。全世界の熱帯から
温帯に分布する。日本では中部以南の
沿岸の水面付近に生息。全長は8メー
トル，体重は3トン近くに達し，人食
ザメとして恐れられている。尾鰭は三
日月形で，周囲に鋸歯のある三角形の
歯を持つ。かまぼこの材料になる。

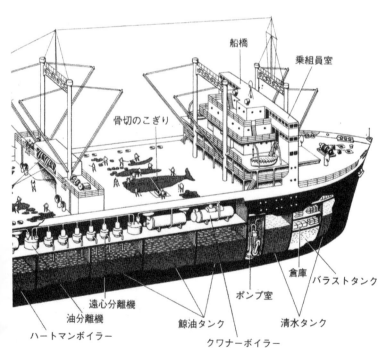

船橋

乗組員室

骨切のこぎり

倉庫

バラストタンク

ポンプ室

遠心分離機

鯨油タンク

清水タンク

油分離機

クワナーボイラー

ハートマンボイラー

捕鯨 ほげい

捕鯨は10～11世紀ごろから世界各地で
行なわれたといわれ，当初は沿岸から
小舟を繰り出して行なう小型捕鯨であ
った。17～18世紀には北氷洋を中心に
欧州各国の船団による捕鯨が行なわれ
たが，乱獲により資源が枯渇したため，
19世紀には鯨の処理・加工ができる大
型船が遠洋へ鯨を追うアメリカ式捕鯨
へと変わった。20世紀には汽船とノル
ウェーで発達した捕鯨砲の使用により，
シロナガスクジラ，ナガスクジラなど
の大型鯨も捕獲できるようになり主要
漁場も南氷洋に移って今日に至った。
日本では江戸時代から紀州の太地浦な
ど，肥前の生月(いきつき)島など，土佐
などの沿岸で，多数の勢子舟により双
海舟が網を張って待ち受けているとこ
ろへ鯨を追い込み，手銛(てもり)で捕殺
し，海岸で解体する小型捕鯨が行なわ

ホシガレイ

ホシザメ

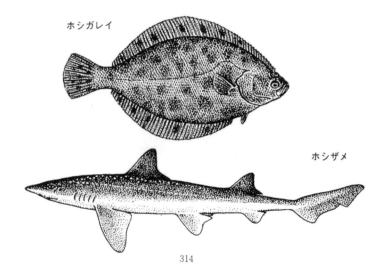

れ，明治中ごろまで続いた。その後の日本の捕鯨は母船式と近海捕鯨に分かれる。世界の鯨資源は年々減少の傾向にあり，捕鯨国は国際捕鯨取締条約を結んで資源の減少防止に努めた。反捕鯨国が年々増加しIWC（国際捕鯨委員会）は1982年，商業捕鯨を全面禁止する決定をした。この結果，日本の南氷洋捕鯨は87年に，沿岸捕鯨も88年終止符を打った。禁止決定を不服とするアイスランドは91年12月IWC脱退を通知した。

ホシガレイ　　　　　　　　　　　星鰈

カレイ科の海産魚。マツカ，ヤマブシガレイともいう。本州中部以南，朝鮮西部および南部，中国北部に分布。体長60センチ。無眼側（左側）の垂直鰭に黒褐色の斑紋があり，同側の体側にも褐色の斑紋がある。刺身，すし種にして美味。

ホソメコンブ

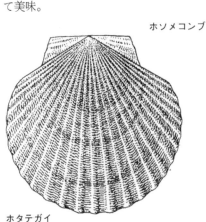

ホタテガイ

星鮫　　　　　　　ホシザメ

ドチザメ科の海産魚。ホシブカ，マブ
カ，ノウソブカ，マナゾ，マノウソと
もいう。北海道以南，朝鮮，台湾，中
国からアメリカ東岸までに分布。体長
は1.5メートル，歯が敷石状である。
日本のサメ類のうちで最も普通で，近
海の砂底に生息。肉質がよく美味であ
る。酢味噌で食べ，また上等な練製品
の原料にする。

細目昆布　　　　　ホソメコンブ

褐藻類コンブ科の海藻。北海道南西岸
から本州の三陸付近までに分布。柄は
小型で単一，円柱状で，長さ5センチ，
径3～6ミリ。葉は長線形で，分裂せ
ず，黄褐色，粘質で，縁辺は全縁。長
さ0.5～2メートル，幅5～10センチ，
厚さ2ミリくらい。食用に供し，また
ヨード製造の原料とする。

帆立貝　　　　　　ホタテガイ

イタヤガイ科の二枚貝。高さ，長さと
ホタテガイ　　　も20センチ，幅5センチ。右殻はふく
らみが強く，黄白色，左殻は紫褐色で
小鱗状彫刻がある。幼貝の時は足糸で
他物に付着しているが，成員は殻を強
く開閉して水を噴射し移動。石川県能

ボタンエビ

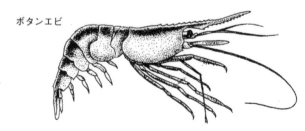

登半島以北，千葉県銚子以北〜オホー
ツク海の水深10〜30メートルの砂礫
(されき)底にすむ。網走湖等で採苗し，
陸奥湾などが産地として知られ，養殖
もされている。夏，桁(けた)網などで
採取し，食用。特に貝柱を賞味し，缶
詰や乾物にする。殻はカキ採苗用貝殻
や貝細工に利用。

ホタルイカ

蛍烏賊

軟体動物ホタルイカモドキ科。形はス
ルメイカに似て，体長は5センチくら
い。全身に無数の発光器をもつ。オホ
ーツク海，北海道，本州(近畿，北陸
以北)の数百メートルの深海に生息し，
5月ころの産卵期には海岸近くに来遊。
特に富山湾の大群の来遊は有名で，同
海域は特別天然記念物。惣菜(そうざい)
用。

ボタンエビ

牡丹蝦

甲殻類タラバエビ科。体は淡紅色で，
濃い紅色の斑紋を有し美しい。額棘
(がくきょく)は非常に長く，上縁に17〜
20の可動棘を，下縁に7〜10の不動棘
をもつ。体長は14センチくらい。北海
道内浦湾以南の太平洋に分布し，遠州
灘，土佐湾などでは，300〜500メート

ホタルイカ

ホッカイエビ

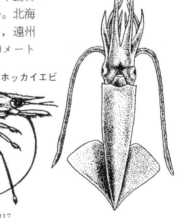

ルの海底に生息。機船底引網で漁獲される。近縁種に真紅色のホッコクアカエビ(体長12センチ。その味からアマエビとも)，赤褐色の横縞(よこじま)のあるトヤマエビ(体長17センチ)などがあり，両種とも中部以北の日本海に分布。いずれも成長に伴って性転換を行なう。美味。

北海蝦　　**ホッカイエビ**

甲殻類タラバエビ科。体長13センチほどに達する。体色は淡黄褐～緑褐色で，白あるいは黄色の縦縞(たてじま)が数条。第2胸脚は左右不同で，腕節は多数の小節からなる。寒海性で北海道，千島列島，サハリンなどに分布。アマモなどの茂った浅海にすむ。雄性先熟で，若い時は雄，成長して雌となる。美味。むきエビ，缶詰にする。

𩸽　　**ホッケ**

アイナメ科の魚。幼魚をアオボッケ，若魚をロウソクボッケという。成魚は全長40センチ。日本海～北海道周辺～駿河湾に分布し，特に北海道に多い。幼魚は表層にすんで体色は青みを帯び

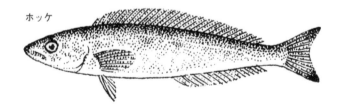

ホッケ

るが，成長につれて底にすむようにな
り，褐色を帯びてくる。産額はかなり
多く，鮮魚として用いられるほか，塩
ホッケ，ちくわの原料などにされる。

ホヤ

尾索動物亜門ホヤ綱の総称。種類が多
い。幼生はオタマジャクシ形で尾部に
脊索をもち，自由に泳ぐが，成体は海
岸の石，海藻，養殖筏(いかだ)などに
固着して生活。単体のもの(マボヤ，
アカボヤ，シロボヤ，ユウレイボヤ)
と群体をつくるもの(イタボヤ，キク
イタボヤ)とがある。個体は入水孔と
出水孔とがあり，その間は消化腔で連
絡される。東北，北海道に分布するマ
ボヤ，アカボヤ，スボヤは酢の物，吸
物などにして美味。

ボラ

ボラ科の魚。成長につれて名の変わる
ことが多い。たとえば，イナッコ，イ
ナ，ボラ，トド(東京)など。全長80セ
ンチ。胃の形はそろばん玉状で，俗に
ボラのへそといわれる。世界の暖海に
分布。稚魚は汽水域や淡水域に入って

海鞘・老海鼠

ホヤ

鯔

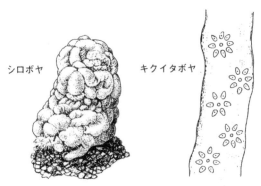

シロボヤ　　キクイタボヤ

319

ホラガ

ボラ

成長，秋，海に下る。海底の有機物や
珪(けい)藻，藍(らん)藻などを泥と一緒
に食べ，水面上にはねあがることが多
い。長崎県，沖縄，台湾などでは，卵
巣からからすみを作る。釣の対象魚で，
冬季美味。

ホラガイ

法螺貝

ホラガイ科の巻貝。高さ40センチ，幅
19センチ，殻は細長い紡錘形で厚質。
黄褐色地に多数のホラガイ半月斑が並
ぶ。紀伊半島以南の西太平洋，インド
洋に広く分布し，潮間帯下の岩礁にす
む。殻の先端を削って吹口をつけ法螺
にするほか，昔は時報や戦場の合図等
に用いた。肉は食用。近縁種の小型な
ボウシュウボラは千葉県以南に分布す
る。肉を食用にするが中毒の危険があ
る。卵嚢をトックリホオズキという。

ホラガイ

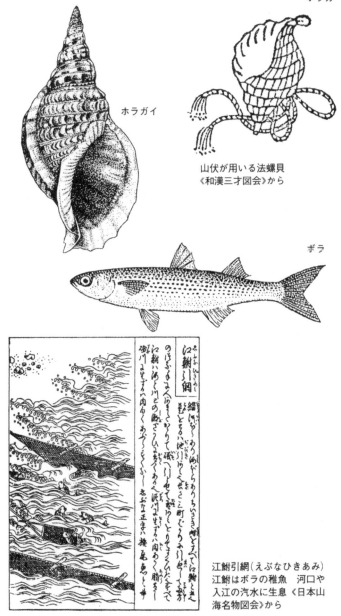

ホラガ

ホラガイ

山伏が用いる法螺貝
《和漢三才図会》から

ボラ

江鮒引網（えぶなひきあみ）
江鮒はボラの稚魚　河口や
入江の汽水に生息《日本山
海名物図会》から

馬尾藻

ホンダワラ

ホンダワラ

モクとも。褐藻綱ホンダワラ科の海藻。寒流の影響を受けない日本各地の沿岸に分布する。体は長さ1〜2メートル，外見上，根，茎，葉の区別があり，上方には気胞があって，海中で体を直立させている。生殖は卵と精子の受精による。古くは食用にもした。全体を乾燥させて新年の飾りとし，肥料ともする。近縁種が多く，日本近海だけでも30以上。おもなものにノコギリモク，アカモク，オオバモク，イソモク，ハハキモク，ウミトラノオ，スギモクなどがある。

ホンダワラ

マ行

マ

真穴子　　　　　　　マアナゴ

アナゴ科の魚。朝鮮半島沿岸，東シナ
海，日本では北海道内浦湾以南の太平
洋側に多く分布。普通はマアナゴとは
いわず，北海道，東北，北陸，山陰，
京都府宮津でハモというが，東京や大
阪，九州でいうハモとは全く別のもの
である。単にアナゴ，ハカリメ，トヘ
イ，メジロ，ホシアナゴ，ゴマともい
う。幼形はレプトセファルスで，体は
木の葉のようにうすく，やや幅広く，
無色透明。早春に日本各地の沿岸に多
数現われる。体長12センチで，変態し
てウナギ形になる。変態直後はかえっ
て短くて，全長8.5センチくらい。成
魚で90センチになる。てんぷら，蒲焼，
すし，甘煮にして美味。

真海豚　　　　　　　マイルカ

体が小さく，細長い嘴吻(しふん)がある
マイルカ科のイルカ。世界中の温暖な
海域に広く分布，日本で各地で見られ
る。体長1.7～1.8メートルくらい。背
鰭はかなり大きく，鎌状で，先は細く
とがる。嘴吻は幅狭く，長さ13～15セ
ンチ。体は上面は黒褐色で，下面は白
く，側面に黄褐色の波状の縦斑がある。
眼の周囲と胸鰭は黒い。20～50頭の群
をなしてきわめて速く泳ぐ。鯨肉と同
様に料理する。なお，日本では地方に
よって最も一般的なイルカをマイルカ
と呼ぶことがある。

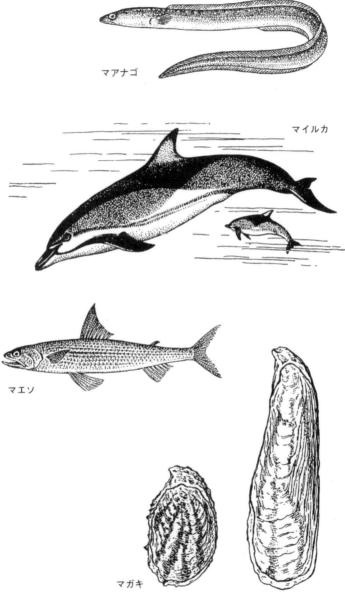

マイル

マアナゴ

マイルカ

マエソ

マガキ

真鱠　マエソ

エソ科の海産魚。南日本，東南アジア，インド洋，オーストラリアに分布。体長30センチ，体色は背面が褐色，腹面は銀白色。エソ類の中で漁獲量が多く，練製品の重要な原料である。

真牡蠣　マガキ

イタボガキ科の海産二枚貝。単にカキとも呼ぶ。サハリン南端から台湾，中国大陸まで広く分布。殻の形は付着する場所によって変化し，細長い形のものは30センチ近くになる。日本の産地では，仙台ガキ，広島ガキが有名で，前者は殻が浅くて，平たく，後者は殻が深くて小さい。垂下式養殖法の発明によって全国いたるところで養殖されている。低水温のため採苗ができない北アメリカには，毎年種ガキが輸出さ

広島牡蠣蓄養之法（ひろしまかきちくようのほう）海中にたてた篊（ひび）についたカキを収穫する《日本山海名産図会》から

れる。貝塚からもたくさんこの殻が発見される。生食，鍋物などで食べる。

マガレイ

カレイ科の海産魚。北日本からサハリン，千島列島に分布。体長30センチ。眼は体の右側にあり，左側の無眼側には背鰭としり鰭に接したところに1条の幅広い淡黄色の縦帯がある。マコガレイによく似るが両眼の間に鱗がない。底引網，刺網で漁獲する。刺身，塩焼，照焼などにして賞味。

マグロ

サバ科の魚のうちクロマグロ，メバチ，キハダ，インドマグロ，ビンナガなどを総称してマグロということもあるが，普通はクロマグロをさすことが多い。クロマグロはホンマグロともいわれ，体長3メートル，体重400キロに達す

マグロ

327

る。体は肥満して紡錘形。背面は青黒色，第1背鰭は灰色，第2背鰭は灰黄色。太平洋の温帯と熱帯に広く分布し，特に日本近海に多い。大謀網，釣，延縄(はえなわ)，巻網などで漁獲され，旬は冬季。肉は暗赤色で，刺身，すし，照焼などにして美味。

真子鰈 ## マコガレイ

カレイ科の魚。地方名マコ，モガレイ，アマテ，アマガレイなど。全長30センチ。眼は体の右側にある。有眼体側は暗褐色で黒褐色斑が散在。北海道南部以南に分布するが，南日本に多い。本種に似たマガレイはこれより北方に分布し，両種とも美味。

真蜆 ## マシジミ

シジミ科の淡水性二枚貝。本州の北部から九州南部までの川に分布。砂地の

マシジミ

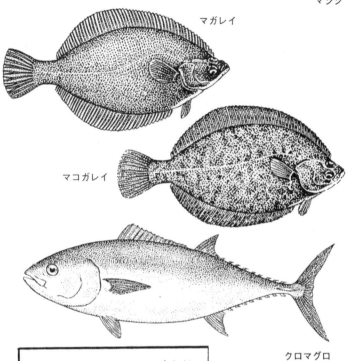

マシジ

マガレイ

マコガレイ

クロマグロ

鮪冬網（しびふゆあみ）　鮪
はマグロ　簫口でマグロを
引上げる《山海名産》から

マス

水のきれいな場所に生息する。殻の長さは4センチ，高さ3.5センチくらいになり，表面に同心円状の脈が規則正しくならび，黒褐色で鈍い光沢がある。内面は紫色で光沢がある。雌雄同体。汁の具にして食べるが，昔から黄疸（おうだん）にきくといわれている。殻は貝灰をつくるのに用いられる。利用の歴史は古く，貝殻が貝塚から多量に発見されている。

鱒

マス

サケ科の魚のうちカラフトマスを東京などでマスと俗称するが，分類上はサクラマス（ホンマスとも）をさす。普通，降海型をサクラマスといい，河川型はヤマメと呼んで区別する。全長60センチ，サケとよく似るが幽門垂，鰓耙（さいは）の数が少ない。太平洋側の神奈川県以北，日本海側および熊本県などにも分布。孵化（ふか）後1〜2年半で海に下り，約1年を海で過ごして晩春〜初夏，産卵のため川を遡（さかのぼ）る。

マス

マス

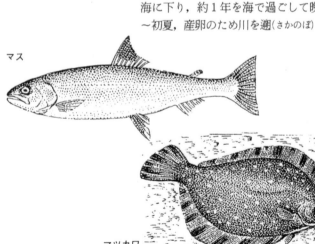

マツカワ

定置網，刺網などで漁獲され，おもに
塩蔵。他にマスの名のつくサケ科の魚
にはニジマス，ヒメマス，カワマスな
どがある。

マスノスケ　　　　　　　　　　鱒の介

サケ科の海産魚。サケ科の魚類のうち
最も大型になり，キングサーモンとも
呼ぶ。体長2メートル，体重50キロく
らいの記録もある。体色は銀白色で背
鰭，尾鰭，体の背部に黒点がある。ア
ラスカのユーコン川のような大河を遡
上(そじょう)する。肉質は脂肪分に富み，
アメリカ，カナダでは特に珍重する。
塩焼，フライなどにする。

マツカサウオ　　　　　　　　　松笠魚

マツカサウオ科の魚。地方名シャチホ
コ，ヨロイウオ，エビスなど。全長10
センチ余。鱗が堅くて大きく甲を形成
する。下顎の先端近くには発光バクテ
リアが寄生した発光器が1対。本州中
部以南，東シナ海に分布。かなり美味。
かまぼこ原料にもなる。

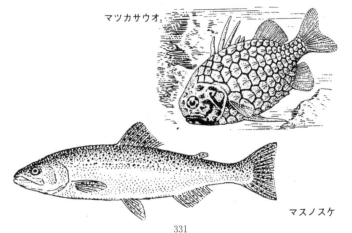

マツカサウオ

マスノスケ

松皮

マツカワ

カレイ科の海産魚。クロスジガレイ，マツカワガレイ，ヤマブシガレイ，タカノハガレイ，タンタカ，タカガレイ，ギガレイとも呼ぶ。茨城県以北，千島列島，サハリン，沿海州に分布。体長は60センチで，無眼側が雄では少し赤みを帯びた濃黄色で，雌では白い。鱗がやや荒い。美味で，刺身にする。

抹香鯨

マッコウクジラ

クジラ目マッコウクジラ科。ハクジラの一種。雄は体長15〜18メートル，雌は11〜12.5メートル。頭部が大きく，体長の約3分の1を占める。体色は普通，灰色。世界中の温暖な海域に分布する。1雄多雌で，200〜300頭の大群を作ることもある。深海性のイカ類を主食。1腹1子。頭部に脳油と呼ばれ

越中神道（通）川之鱒（えっちゅうじんづうがわのます）神通川は飛驒高地に発し富山湾に注ぐ《日本山海名産図会》から

マツコ

マッコウクジラ

マテガイ

る特殊な油があり，良質の機械油となる。腸内にときどき見られる竜涎香（りゅうぜんこう）は香料として名高い。

馬蛤貝・馬刀貝

マテガイ

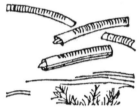

マテガイ

マテガイ科の二枚貝。カミソリガイとも。高さ1.6センチ，長さ12センチ，幅1.2センチ。両殻を合わせると円筒状になり，前後両端は密着しない。北海道南部～九州，朝鮮，中国北部の内湾の潮間帯砂泥底にすみ，30センチほどの深さの穴にもぐってすむ。この穴に食塩を入れると反射的に穴からとび出るので，採取は容易。食用。

的鯛

マトウダイ

マトウダイ科の海産魚。青森以南，朝鮮半島，オーストラリア，南アフリカ分布。全長50センチで，体色は暗灰色，体側に大きな黒紋がある。カガミダイ，マトウ，マト，マトダイ，マトハゲ，クルマダイ，モンダイなどとも呼ぶ。4，5月が旬で，美味。刺身，煮付のほか，かまぼこの原料にする。

真魚鰹

マナガツオ

マナガツオ

マナガツオ科の魚。地方名マナガタ，マナ，メンナ，チョウキンなど。全長60センチ。体は側扁し，腹鰭がない。鱗は非常に小さくはがれやすい。本州中部～インドネシアに分布。東シナ海に特に多い。外洋性であるが，6～7月の産卵期には内海に入り，河口にくることもある。特に関西で刺身，味噌漬などにして賞味される。近縁種のコウライマナガツオは体長30センチほどで，肉もうすい。

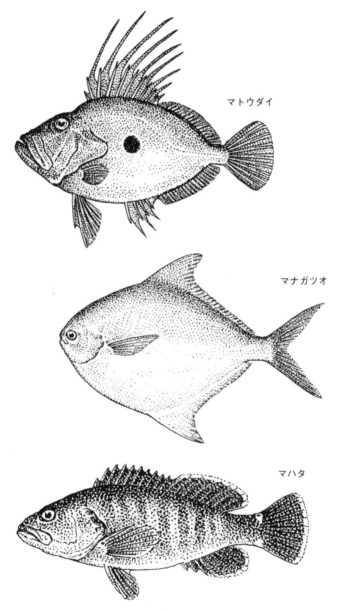

マナガ

マトウダイ

マナガツオ

マハタ

335

真羽太　　　　　　　マハタ

ハタ科の海産魚。ハタ，マス，シマア
ク，スジアク，アラアラ，キョウモド
リ，ハタジロ，タカバ，シマアラ，シ
マモアラ，ナマナメラ，カナともいう。
本州の中部以南，西太平洋，インド洋，
大西洋の熱帯部に広く分布。体長90セ
ンチ。体側に7個の横帯がある。尾鰭
の後縁などは白っぽい。夏が旬で，刺
身，煮付，塩焼，鍋料理に用いる。

真河豚　　　　　　　マフグ

フグ科の魚。全長45センチ。皮膚にと
げがないためナメラフグとも呼ばれる。
胸鰭後方に大型の黒紋が1個。サハリ
ン南西部〜日本各地，東シナ海に分布
し，沿岸にすむ。味はトラフグには及
ばないが，広くフグ料理に用いる。マ
フグ属の通性として卵巣，肝臓等は有
毒。時として干物による中毒が起こる
が，これは肉中の微量の毒のためと思
われる。

真海鞘　　　　　　　マボヤ

原索動物の尾索動物亜門ホヤ綱マボヤ
目マボヤ科。単にホヤともいう。北海
道南部から九州北部，朝鮮半島，中国
山東半島に分布する。体は赤く，長さ
は15センチくらい，表面に乳頭状の短
い突起がたくさんある。下端で岩など
についている。皮をむいて黄色い身を
食べるが，これは筋肉，生殖腺，内臓
で，酢の物にする。また，吸物にした
り，砂糖醤油で煮付けたりする。

翻車魚　　　　　　　マンボウ

マンボウ科の魚。地方名ウキギ，キナ

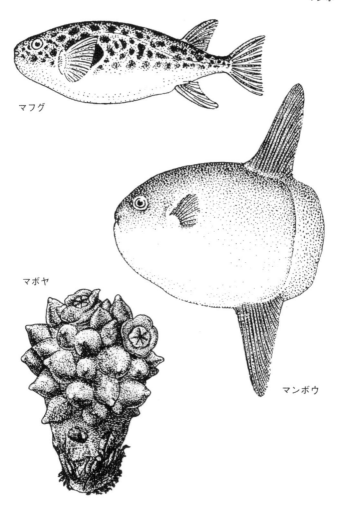

マンボ

マフグ

マボヤ

マンボウ

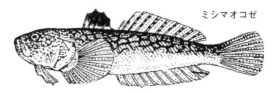

ミシマオコゼ

337

ンボなど。全長3メートル。体は縦扁
し，尾鰭がない。世界中の暖海に分布，
海面上に背鰭を出してゆうゆうと泳ぐ。
卵の数は非常に多く，2億〜3億粒と
いわれる。肉は白く，食用にされるが，
水っぽい。

ミ

三島虎魚　ミシマオコゼ

ミシマオコゼ科の魚。地方名ムシンボ
ウ，アマンボウ，ムシマなど。全長40
センチ。頭部が大きく両眼は頭の背面
にあって上方を向き，体には網目状斑
紋がある。本州中部〜中国広東省に分
布。肉量は多いが，さほど美味ではな
い。腐りにくく，練製品の原料とされ
る。

マンボウ

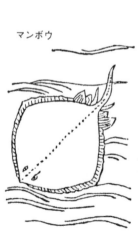

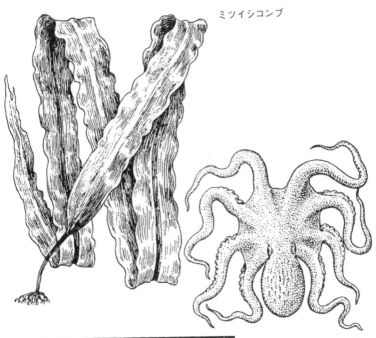

ミシマ

ミツイシコンブ

ミズダコ

越中滑川之大蛸（えっちゅ
うなめりかわのおおたこ）
富山の滑川は宿場としても
栄え河東七浦の一つに数え
られた　左図上に大蛸が見
える《日本山海名産図会》
から

水蛸・水章魚　　ミズダコ

軟体動物マダコ科。北太平洋一帯の深
さ100〜500メートルの海底にすむ大型
のタコ。胴長は40センチくらいだが，
腕を含めると全長3メートルに及ぶ。
体色は紫を帯びた赤褐色で，周囲の色
によって変化する。おもに東北，北海
道近海で底引網や箱を海底に沈めて漁
獲し，食用。体はマダコなどに比べる
とやや軟らかい。正月用に市場に出回
る，食紅で染められた太い腕は多くは
ミズダコのもの。

三石昆布　　　　ミツイシコンブ

褐藻類コンブ科の日本特産の海藻。北
海道の日高沿岸に多産する。その名は
三石（日高支庁）の地名による。茎は短
く，円柱状で，上部はやや平たくなり，
長さ3〜7センチ，太さ5〜6ミリ。

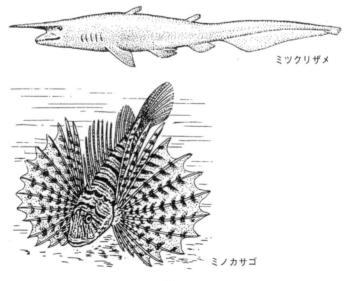

ミツクリザメ

ミノカサゴ

葉は帯状，全縁で，長さ2～8メート
ル，幅6～10センチ。長切り昆布，刻
み昆布として煮物用，だし用に用いる。

ミツクリザメ　　　　　　　　　箕作鮫

ミツクリザメ科の原始的なサメ。ゾウ
ザメ，テングザメともいう。相模湾，
駿河湾でときどきとれる。体長3メー
トル。白っぽく，吻(ふん)がはなはだ
長く突出している。切身にして塩漬に
して食べる。

ミノカサゴ　　　　　　　　　　蓑笠子

フサカサゴ科の魚。地方名ヤマノカミ，
マテシバシ，ミノウオなど。全長27セ
ンチ。背鰭の棘(きょく)条が長く，条間
の膜は深く切れ込む。胸鰭も長いが，
各軟条は分岐しない。北海道以南，南
太平洋を経て紅海まで分布，沿岸の岩
礁底近くにすむ。毒腺のある背鰭に刺

ミル

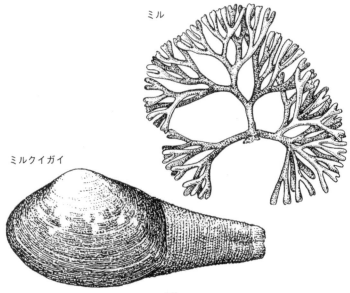

ミルクイガイ

されると痛い。惣菜(そうざい)用。近縁
種にハナミノカサゴ，キミオコゼなど。

海松・水松

ミル

緑藻類の海藻。日本各地の沿岸の潮間
帯下部に生育。体は数回叉状(さじょう)
に分岐して，全体は扇形となり，ビロ
ードのような手ざわりで高さ10〜30セ
ンチ。体の表面に見える細かい粒は体
をつくる巨大な細胞の突起部分。近縁
にナガミル，クロミル，サキブトミル，
ハイミルなどがある。乾燥し保存して
食用にする。

海松食貝

ミルクイ

ミルガイとも。バカガイ科の二枚貝。
長さ12センチ，高さ8.5センチ，幅5.5
センチ，大型のものは長さ15センチに
達する。両殻は後端で長卵形に開き，
太い水管を出す。殻は白色，その上を

ミルクイガイ

ミル

厚い黄褐～暗褐色の殻皮がおおう。内面も白色。北海道の南部～九州の内湾の浅い泥底にすみ，産卵期は2～6月。水管は黒い皮で包まれるが，むくと白色。吸物などにして美味。

ム

ムシガレイ　　　　　　　　　　　　　蒸鰈

カレイ科の魚。地方名ミズガレイ，ベチャガレイなど。全長40センチ。眼は体の右側。日本～台湾に分布し，水深100～150メートルの砂泥にすむ。冬～春，底引網で大量に漁獲され，おもに関西で賞味される。

ムツ　　　　　　　　　　　　　　　　鯥

ムツ科の魚。地方名ムツノウオ，クジラトオシなど。全長60センチ。背面は

若狭蒸鰈制（わかさむしかれをせいす）　浜で蒸し鰈を干す《山海名産図会》から

343

ムツゴ

紫黒色。東北〜九州の沖合，水深300
〜500メートルの所にすむ。秋〜春の
産卵期にはやや浅所に移り，幼期も内
湾などの浅所ですごす。おもに釣によ
って漁獲され，冬に美味。

鯥五郎　　　　**ムツゴロウ**

ハゼ科の魚。地方名ムツ，コムツなど。
全長19センチ。体色は青みがかった灰
色で，第1背鰭のとげは比較的長い。
腹鰭は左右合わさって吸盤を形成。眼
を高くもちあげることができる。朝鮮
西部〜中国，ミャンマー，日本では有
明海北部に分布。干潟の上をはい回り，
また全身ではねて移動する。肉は軟ら
かいが脂肪が多く蒲焼（かばやき）などに
して美味。佐賀県の名物。

紫貽貝　　　　**ムラサキイガイ**

イガイ科の海産の二枚貝。殻は卵三角
形で，長さ10センチ，高さ5センチ，
普通はイガイより小さく，薄い。殻の
色が紫がかっている。ヨーロッパの原

ムツ

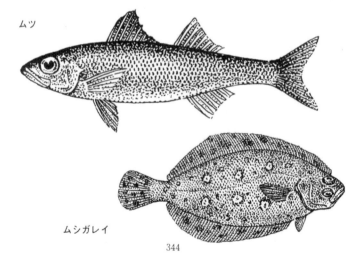

ムシガレイ

産であったが，船底に付着し世界各地に運ばれ，今では熱帯を除く南北両半球に広く分布。日本では1926年に最初に発見され，現在では全国の内湾に生息する。肉は柔らかく美味。地中海のものはムールガイと呼ばれ，養殖されている。

ムラサキウニ　　　　　　　紫海胆

棘皮(きょくひ)動物ナガウニ科。日本固有種。殻はやや扁平な球状で，径5センチ，高さ2.5センチ，厚くて堅固。殻表には暗紫色のとげを密生する。本州〜九州，小笠原，中国沿岸の潮間帯付近の岩礁に多い。春〜夏に採取し，卵巣は雲丹(うに)として食用。

ムロアジ　　　　　　　　　室鰺

アジ科の魚のうち，背鰭と臀(しり)鰭の後方にそれぞれ1個の離れ鰭をもっているムロアジ属の数種中，赤みを帯びていないものを総称していう。日本にも数種。このうち高価なものにくさ

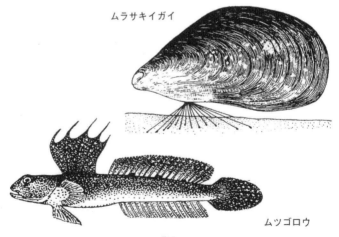

ムラサキイガイ

ムツゴロウ

やの干物にするクサヤモロ(地方名ア
オムロ，全長40センチ)，量的に多い
ものにモロ(別名ムロ，全長30センチ)
がある。いずれも亜熱帯性で，本州中
部以南に分布する。

目板鰈　　　　　メイタガレイ

カレイ科の海産魚。メダカガレイ，メ
イタ，メダカ，アマテビラメ，ミミガ
レイともいう。北海道以南の日本各地，
朝鮮，中国に分布。体長は30センチ，
体色は有眼側は褐色で，斑点が多い。
眼隔に一つの強い隆起縁がある。産卵
期は東シナ海では秋から冬。体長1.6
センチくらいのときから底生生活に入
り，2.5センチくらいで変態を終え
る。肉が厚く美味で，小型のものでも
煮付などにする。

目一鯛　　　　　メイチダイ

フエフキダイ科の海産魚。メイチ，イ
チミダイ，メイチャ，イチ，メダイ，
メタイ，タルメともいう。本州中部以
南，西部太平洋，インド洋に分布。体
長40センチ，体色は銀灰色で斑紋があ
る。幼魚では，両眼の間に1本の褐色
帯がある。夏美味。地方によっては高
級魚として扱われ，刺身，吸物，塩焼
にする。

眼梶木　　　　　メカジキ

メカジキ科の魚。地方名カジキ，ツン，
ハイオなど。全長4メートル。鱗や腹
鰭がないのが特徴で，背面は灰青〜灰

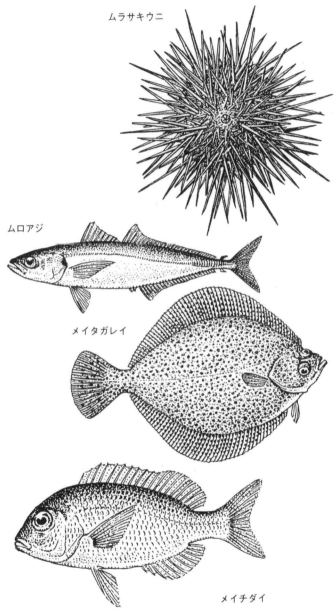

メカジ

ムラサキウニ

ムロアジ

メイタガレイ

メイチダイ

褐色。暖海に広く分布し，日本付近では三陸近海に多い。ふつう背鰭を水面上に出して，単独で泳いでいる。性質が荒く，強大な吻（ふん）でクジラや大型の魚を襲う。延縄（はえなわ）や突ん棒（つきんぼう）で漁獲。マカジキ類（カジキ）よりも肉色が淡く，バター焼などによい。特に欧米で好まれ，輸出される。

雌鯒　　　メゴチ

コチ科の魚。体長21センチ。東京と新潟以南の南日本に分布し，練製品の原料にされる。なお東京付近ではノドクサリ科の数種（ネズッポ）を混称していう。

眼仁奈　　　メジナ

イスズミ科の魚。地方名グレ，ブレ，クロウオ，クロダイなど。体長45センチ。体は楕円形で側扁し，体色は紫黒色。日本〜台湾に分布。沿岸の岩礁の間にすみ，海藻や小動物を食べる。やや磯臭いが，刺身，塩焼，煮付などにして美味。釣の対象魚。

目鯛　　　メダイ

イボダイ科の魚。全長90センチ。眼は大きい。体の大きさによって色彩や形が異なり，数センチの幼期には，胸鰭は丸みをもち，体側には黄色を帯びた波状の縞（しま）がある。日本各地の沖合に分布し，近年産額がかなり多い。白身で，刺身，照焼，煮付，椀種などにされる。かなり美味。

目奈陀　　　メナダ

ボラ科の魚。地方名ミョウゲツ，シュ

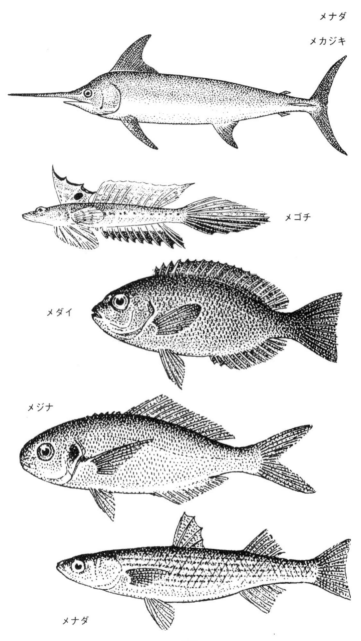

メナダ

メカジキ

メゴチ

メダイ

メジナ

メナダ

349

クチなど。全長1メートル。ボラに比べて頭がやや小さく，眼には脂瞼が発達しない。背面は青緑色，口唇はやや赤みを帯びる。日本各地の沿岸に分布し，日本海ではボラより多い。ボラとは逆に夏に美味。

目抜　メヌケ

メバル科の魚のうち，深海性のコウジンメヌケ（オオサガとも，全長60センチ），サンコウメヌケ（全長40センチ），バラメヌケ（全長40センチ）などの総称。いずれも体色は赤みを帯びる。肉は脂が多くて，やや柔らかく，総菜（そうざい）用。東北地方以北で多く漁獲される。近年ベーリング海やアラスカ方面で漁獲されるアラスカメヌケ（アカウオ）が出回っている。アラスカメヌケは5〜7年で成魚になる。

眼撥　メバチ

サバ科の魚。地方名バチ，ダルマシビ，メブトなど。全長2メートル。マグロ類中クロマグロ（マグロ）に次いで大きい。背面は黒青色。眼が大きいのが特徴。世界中の暖海に分布するが，日本海には入らない。すし，刺身などによい。

眼張　メバル

フサカサゴ科の魚。地方名テンコ，モバチメなど。全長30センチ。体色は生息場所によって異なるが，普通褐色地に不明瞭な暗色斑がある。日本各地〜南朝鮮沿岸に分布し，メバル類中きわめて普通。卵胎生。惣菜（そうざい）用でかなり美味。

メバル

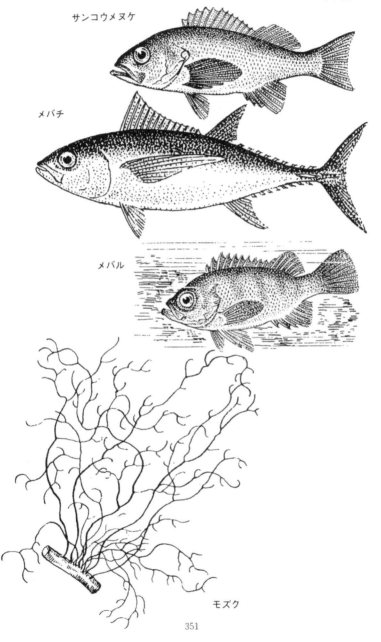

サンコウメヌケ

メバル

メバチ

メバル

モズク

351

モ

藻屑蟹　　　　　**モクズガニ**

ズガニ，モクタとも。甲殻類イワガニ
科。甲長5.5センチくらい。甲はほぼ
四角形，額は横にまっすぐで，前側縁
には3個の歯がある。色は青黒色，は
さみの掌部に長い軟毛の房があり，腕
節にも毛を生じるものが多い。北海道
〜台湾，香港付近にまで分布。内湾や
河口，さらに上流までに生息。美味だ
が，生食は危険。

水雲・海蘊　　　　**モズク**

褐藻類モズク科の海藻。本州中部以南
の沿岸に分布する。春〜初夏によく生
育，特に潮間帯下部のホンダワラ類に
着生する。体は細く，密に枝分れし，
黄褐色。柔らかく粘質に富む。塩漬と
して保存し，食用にする。近縁にイシ
モズク，フトモズクなどがある。

持子　　　　　　**モツゴ**

コイ科の魚。地方名クチボソ，ヤナギ

モツゴ

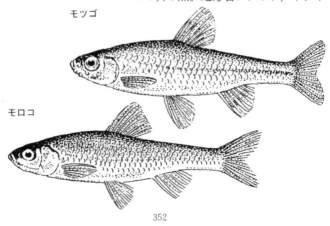

モロコ

ジャコなど。全長雄11センチ，雌9セ
ンチ。地色は黄褐色だが，鱗の一部が
黒褐色のため，全身斑に見える。関東
以西〜朝鮮，台湾，アジア大陸東部に
分布。平野部の浅い池や細流にすむ。
すずめ焼，佃(つくだ)煮として食用にす
るほか，飼い鳥の餌などにもする。近
縁種にシナイモツゴ，ウシモツゴ，ホ
ソモツゴなどがあり，それぞれ分布区
域は狭い。

モロコ

コイ科の魚。琵琶湖周辺ではホンモロ
コをいい，東京(特に釣人の間)ではタ
モロコをいう。ホンモロコは全長13セ
ンチ。琵琶湖・淀川水系の特産で，現
在は諏訪湖，山中湖，関東地方の川に
移殖され繁殖している。冬きわめて美
味で，琵琶湖の名物。タモロコは全長
8センチ。静岡・新潟県以西の本州と，
四国の一部，九州北部に分布。関東地
方にも移殖されて繁殖している。美味。
なお，東京などでハタ科のクエの成魚
をいうこともある。

モズク

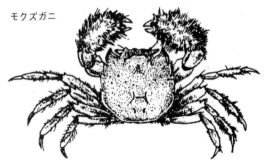

モクズガニ

353

昭和初期のカツオ漁（1本釣）の様子

ヤ行

ヤ

夜光貝　　　　　ヤコウガイ

リュウテン科の巻貝。高さ18センチ，幅20センチほどで，殻は厚くて堅固。肉は食用になるが殻や蓋を細工に珍重。殻表は青緑色で美しいため，古来貝細工や螺鈿（らでん）の材料にされた。紀伊半島以南，西太平洋の潮間帯下の岩礁にすむ。名は屋（夜）久貝の意。

八代貝　　　　　ヤツシロガイ

ヤツシロガイ科の巻貝。高さ19センチ，幅16センチで殻は薄質。黄褐色の殻皮でおおわれ，肋上に濃褐色と黄白色の斑がある。蓋はない。北海道南部〜九州，西太平洋の浅海の砂底にすみ，ヒ

ヤコウガイ

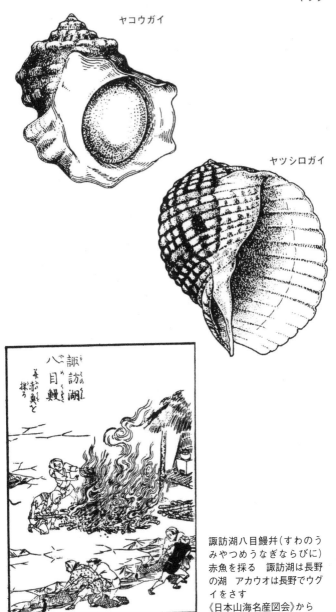

ヤコウガイ

ヤツシ

ヤツシロガイ

諏訪湖八目鰻幷（すわのうみやつめうなぎならびに）赤魚を採る　諏訪湖は長野の湖　アカウオは長野でウグイをさす
《日本山海名産図会》から

八つ目鰻

ヤツメウナギ

トデなどを食べる。11～2月に透明な扇形の卵塊を産む。肉は食用，殻は貝細工に用いられる。八代海で多くとれたのでこの名がある。

ヤツメウナギ

ヤツメウナギ目の円口類。別名カワヤツメ。全長50センチ。暗青色。太平洋側では利根川以北，日本海側では島根県以北～サハリン，朝鮮に分布。アンモコエテス期という幼期を川で過ごし，翌春，全長15～20センチほどで海へ下る。川へは春と秋，2回遡(さかのぼ)る。産卵期は4～8月，産卵後親は死ぬ。干物，蒲焼(かばやき)にされ，ビタミンAの含有量が多いので，古来夜盲症にきくといわれている。近縁種に小型のスナヤツメがある。

宿借

ヤドカリ

ヤドカリ

甲殻綱十脚目異尾類のうち，ヤドカリ科とオカヤドカリ科の総称。普通，巻貝の空殻に入って生活する。このため腹部の外骨格が退化して柔軟になり，付属肢も多くは退化の途上にあって貝殻の巻きに応じて左右不相称となっている。第1胸脚は大きなはさみ脚を形成。はさみ脚に続く2対の歩脚は強大だが，あとの2対は小さい。卵はゾエア，グラウコトエ幼生を経て成体になり，陸生の類もこの時期は海で過ごす。種類が多く，海岸に普通にみられるホンヤドカリ，日本特産種のヤマトホンヤドカリなどがある。汁の実などにして食べる地方がある。またタラバガニなどは近縁。

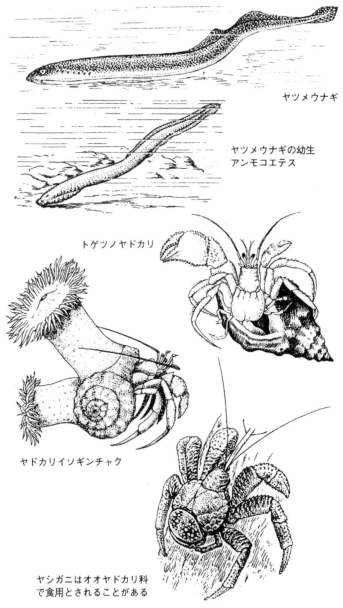

ヤドカ

ヤツメウナギ

ヤツメウナギの幼生
アンモコエテス

トゲツノヤドカリ

ヤドカリイソギンチャク

ヤシガニはオオヤドカリ科
で食用とされることがある

359

柳虫鰈

ヤナギムシガレイ

カレイ科の海産魚。ヤナギ，ヤナギムシ，ササガレイともいう。北海道南部以南，朝鮮半島，また中国にも分布。体長20センチ，体色は淡い褐色。口が小さく，両眼の間隔が小さい。3，4月(東北地方では6，7月)浮遊卵を産む。産額はカレイ類中ではやや多いほうである。小型種で肉は薄いが，干物は美味。特にだいだい色の卵巣を持ったものは子持と呼び，珍重する。

大和魳

ヤマトカマス

カマス科の海産魚。本州中部以南の各地に分布。体長40～50センチ。体は円筒形で，口先がとがる。近縁のアカカマスは東京でホンガマスと呼ばれている。両者の相違点は，腹鰭の起部が，第1背鰭起部より前方にある(アカカマス)か，ほぼ同一線上にある(ヤマトカマス)などであるが，あまり区別をしないでカマスとして扱われている。

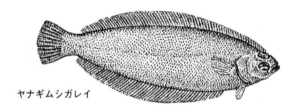

ヤナギムシガレイ

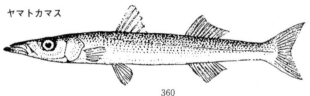

ヤマトカマス

ヤマトカマスは夏，アカカマスは秋が
旬で塩焼，干物などにして食べる。

ヤマメ　　　　　　　　　　　　　　山女

サケ科の魚。地方名ヤマベ，ヤモメな
ど。サクラマス（マス）の河川型。全長
30センチ。緑褐～青黒色，体側に楕円
形の黒い斑紋（パーマーク）がある。北
海道，本州（太平洋側では神奈川県酒
匂川以北，日本海側ではほぼ全域），
九州（瀬戸内海に注ぐ川を除く）などの
河川の上流に分布し，夏季の最高水温
が20℃以下の渓流にすむ。北日本の河
川では，雌はほとんど降海型のサクラ
マスである。河川型の雌雄は産卵後も
生き残って数年間産卵を繰り返す。渓
流釣の対象として人気があり，塩焼な
どにして美味。似たものにビワマスの
河川型のアマゴがある。

ヤリイカ　　　　　　　　　　　　　槍烏賊

軟体動物ヤリイカ科。胴長40センチ，
非常に細長く外套（がいとう）膜の長さは

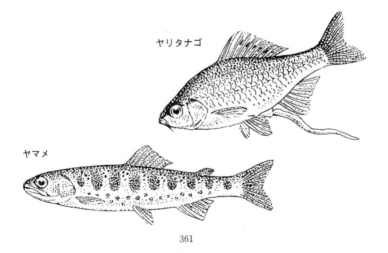

ヤリタナゴ

ヤマメ

体の幅の6～7倍。このためサヤナガとかシャクハチの地方名がある。ツツイカ，テッポウとも呼ぶ。普通，暗褐色で環境によって体色を変える。北海道～九州近海に分布し，春先沿岸に寄ってきて，海底に房状の卵嚢に包まれた卵を産む。おもに生食されるが，干してするめ(笹ずるめ)にもされる。

槍鱮

ヤリタナゴ

一般にタナゴ類を総称してタナゴ，シラタ，ボテなどという。東京付近では本種が多い。北海道と南九州を除く日本各地と朝鮮の一部に分布。体長10センチ。長い産卵管を小型の貝の排水管にさし入れて貝の鰓葉の内部に産卵する。特に東京で釣の対象魚として人気があった。冬季に美味であり，すずめ焼，佃(つくだ)煮などにする。

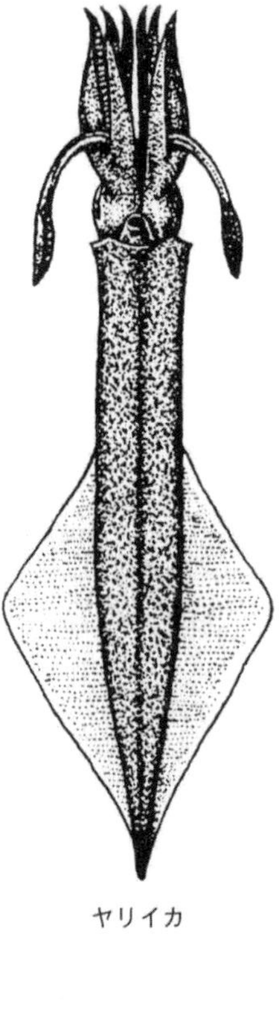

ヤリイカ

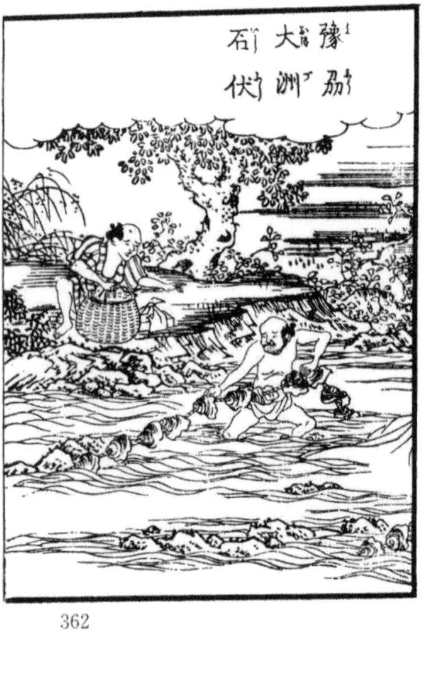

ヨ

ヨシキリザメ　　　　　　　　　　葦切鮫

メジロザメ科の魚。地方名アオナギ，
ミズザメ，グタ，アオブカなど。全長
6メートル。胸鰭が大きく，第2背鰭
としり鰭が対在する。紺青色。暖海に
広く分布し，表層〜中層にすむ。マグ
ロ延縄(はえなわ)でよくとれ，肉は練製
品の原料，鰭はユイチー(フカの鰭)に
用いられる。

ヨシノボリ　　　　　　　　　　　葦登

ハゼ科の魚。地方名カジカ，イシブシ
など。全長12センチ。雄の成魚の第1
背鰭は長い。日本のほぼ全土，朝鮮，
台湾，アジア大陸東部に分布。河川や
湖沼の礫(れき)または砂礫底の浅所に

豫刕(州)大洲石伏(よしゅ
うおおずいしぶし)　川底
のイシブシとり　豫(予)州
は愛媛《山海名産》から

多く，泥底にすむものもある。雌は4
～9月に石の下面に卵を産みつけ，雄
がこれを保護する。川にすむものは孵
化(ふか)後，海または湖に降りて浮遊
生活をし，成長してから川に遡(さかの
ぼ)って底生する。佃(つくだ)煮，飴(あ
め)煮などにして美味。

嫁が笠貝

ヨメガカサガイ

ヨメノサラガイとも。ヨメガカサガイ
科の巻貝。高さ1センチ，長さ5セン
チ，幅3.5センチほどの笠(かさ)形。殻
表は普通灰青色のものが多いが，色や
模様，肋の強さは個体によって多少異
なる。内面は真珠光沢がある。北海道
南部～九州，朝鮮，中国に分布し，潮
間帯の岩礁に大きい足で付着する。磯
物として食用。

ヨメガカサガイ
左 外面 右 内面

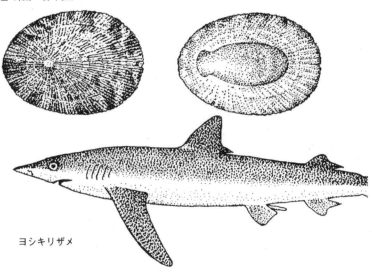

ヨシキリザメ

ラ行

ラ

雷魚

ライギョ

タイワンドジョウ科の魚。カムルチー
とタイワンドジョウ（ライヒーとも）と
を混称している。前者は北はアムール
川から南は揚子江，後者は台湾，中国
南部，ベトナムなどの原産。いずれも
体長50センチ以上，体は円筒形で長く，
口が大きく眼が鼻先近くにある。体色
は黄灰色で暗褐色の斑紋が散在。平野
部の浅い池沼や溜池（ためいけ）にすみ，
空気呼吸して水の外でも長時間生存で
きる。食用。日本には台湾，朝鮮など
から移入され，タイワンドジョウは主
として近畿地方に，カムルチーはそれ
以外の各地に繁殖，他の有用魚を食害
するのできらわれる。

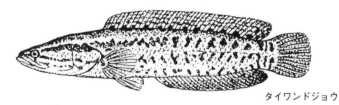

タイワンドジョウ

カムルチー

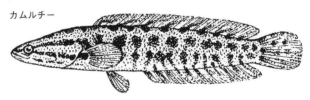

ワ行

ワ

鰙・公魚　　　　ワカサギ

キュウリウオ科の魚。地方名アマサギ，チカ，ツカなど。多くは全長15センチほどだが環境により大きさは異なる。脂鰭があり，背面は黄褐色。千葉県と島根県以北の本州〜北海道の原産だが，現在では人工受精卵の移殖により，多くの湖沼，人造湖にふえている。純淡水産，汽水性，降海性のものがある。てんぷら，フライ，塩焼，佃(つくだ)煮などにして美味。釣の対象としても人気がある。

若布　　　　ワカメ

ワカメ

褐藻類チガイソ科の一年生海藻。日本各地沿岸の低潮線付近から約10メートルの海底に生育。体は高さ50〜150センチ，羽状に裂け，基部付近の耳状部には多数の遊走子嚢をもつ。冬〜春，盛んに生育，夏には枯れて流失し，遊走子の形で越夏する。汁の実，和え物などにする。最近養殖が盛ん。

渡蟹　　　　ワタリガニ

甲殻類ワタリガニ科の総称。歩脚の末節が平たく，特に第4歩脚の指節はうちわ状で泳脚となっている。甲の前側縁にある歯の数により，9個のガザミ類，6個のイシガニ類，5個のベニツケガニ，ヒラツメガニ類などに分けられる。暖海に種類が多く，大型のものは食用に珍重される。なおガザミのみをさすこともある。

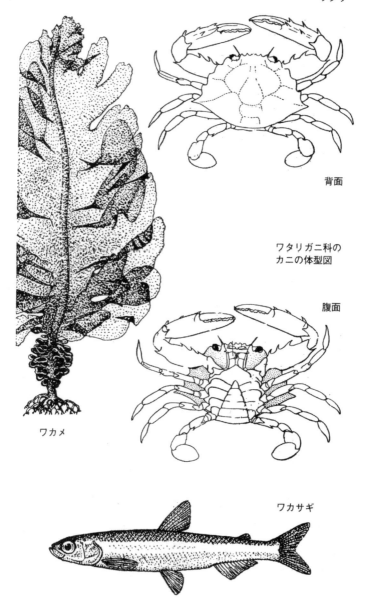

ワタリ

背面

ワタリガニ科の
カニの体型図

腹面

ワカメ

ワカサギ

369

恵比須・恵比寿（えびす）

うお座　中世の木版画から

＊本索引は《魚貝もの知り事典》に掲載されている(1)動植物本
　項目（和名）と，(2)説明文中の近縁種名と地方名などから採
　録した。
＊行頭に索引項目名を掲げ，続く数字が掲載ページを示す。
＊太字は本項目(1)，細字は索引項目(2)を示す。
＊同じく太数字は本項目(1)，細数字は索引項目(2)のページを
　示す。
＊項目の配列は五十音順で，濁音・半濁は清音の次とした。
＊拗音，促音も音順に数えるが，長音（ー）は数えない。

イ

カ

ク

ケ

コ

サ

シ

ナ

二

ヌ

ネ

ミ

新版 魚貝もの知り事典

発行日————2021年2月15日　初版第1刷

編者————平凡社
発行者————下中美都
発行所————株式会社平凡社
　　　　　　〒101-0051　東京都千代田区神田神保町3-29
　　　　　　電話　(03)3230-6582[編集]　(03)3230-6573[営業]
　　　　　　振替　00180-0-29639
装幀————重実生哉
DTP————有限会社ダイワコムズ
印刷・製本——株式会社東京印書館

平凡社ホームページ　https://www.heibonsha.co.jp/

落丁・乱丁本のお取り替えは小社読者サービス係まで直接お送りください
(送料は小社で負担いたします)。